Osprey Military New Vanguard
オスプレイ・ミリタリー・シリーズ

世界の戦車イラストレイテッド
21

Ⅲ号中戦車 1936-1944

[著]
ブライアン・ペレット

[カラー・イラスト]
マイク・バドロック

[訳者]
山野治夫

Panzerkampfwagen III Medium Tank 1936-44

Text by
Bryan Perrett

Colour Plates by
David E. Smith, Mike Chapell and Mike Badrocke

大日本絵画

目次 contents

3	**開発と変遷**	development
11	**III号戦車詳解**	pzkpfw III described
18	**実戦でのIII号戦車**	pzkpfw III in action
25	**カラー・イラスト**	
44	カラー・イラスト解説	

◎**カバー裏の写真**
1942年～1943年、ロシア冬季白色迷彩が施されたIII号戦車J型。酷寒から作動パーツを守るため、同軸機関銃と車体機関銃はカンヴァスを巻いてカバーされている。焚き付け用の木の束が、乾燥のためエンジンデッキ上に積まれているのが見える。(Charles K.Kliment)

◎**著者紹介**
ブライアン・ペレット　Bryan Perrett
1934年生まれ。リヴァプール大学を卒業。王国機甲軍団、第17/21槍騎兵、ウエストミンスター竜騎兵、王国戦車連隊勤務。国防義勇軍勲章受賞。フォークランド紛争および湾岸戦争中リヴァプール・エコーの軍事特派員を務める。非常に成功した業績を収めた著述家。既婚でランカッシャー在住。

マイク・バドロック　Mike Badrocke
軍事宇宙科学、科学器機およびハイテク器機に関して、英国を代表するイラスト画家のひとり。彼の描く詳細な解剖図、きわめて複雑な細部まで描き込まれたきわめて複雑な内部構造図は、世界中の数多くの書籍、雑誌そして産業用出版物などで見ることができる。

III号中戦車 1936-1944
PANZERKAMPFWAGEN III MEDIUM TANK

development
開発と変遷

　1935年3月16日、ドイツ政府は、ドイツが装軌式装甲車両を自ら開発する、あるいは取得することを禁止したヴェルサイユ条約(訳注1)の制限条項を公式に破棄した。ヒットラーは、この条約破棄に対するイギリスとフランスの反応を、せいぜい口先だけの批判程度と正確に計算していた。彼は徴兵制と巨大な武器生産計画の導入によって、世界に対して既成事実をもって軍隊の建設に着手することを知らしめたのである。

　条約の条項にあるようにドイツは戦車の生産を禁止されていたが、ドイツは戦車設計の経験に欠けていたということはなかった。第一次世界大戦後の数年間に、ドイツは同時代のその他の国際的なのけ者、ボルシェビキ・ロシアと協力関係を結び、カルマ河岸に秘密の実験場を作り上げた(訳注2)。もっとも、共同研究計画から得られた収穫は、赤軍により大きな利益をもたらした傾向があったが、さらにスウェーデンもいくらかの、実際的な援助を提供した(訳注3)。

　ロシアとの協力で組み立てられた実験的なプロトタイプに加えて、ヴェルサイユ条約が破棄された時点では、すでに2種の軽戦車が設計され農業トラクターに欺瞞して製造する過程にあった。これらはI号、II号戦車として知られることになる。これらの役割はそれぞれ訓練と偵察であった(訳注4)。

　こうした車両は生産ラインから生み出されるとすぐに、目的に合わせて製作された主力戦車が出現するまでの間の一時的な便宜的処置として、新しく編成された戦車師団に配

訳注1：第一次世界大戦後連合諸国と敗戦国ドイツとの間に結ばれた講和条約。すべての戦争責任をドイツに押し付けたきわめて懲罰的かつ復讐的な条約で、領土の縮小、軍備制限、巨額の賠償など厳しく不公平な条約内容は、後のナチス台頭のひとつの誘因ともなった。

訳注2：ドイツは1922年4月にソ連とラッパロ条約を結び、秘密協定に基づいて、カザンの試験場で装甲兵器の研究を行った。

訳注3：第一次世界大戦後、スウェーデンにはドイツの戦車設計者が渡り、ドイツ資本の戦車製造会社が作られるなど、ドイツの戦車技術温存の隠れ家の役割を果たした。

訳注4：I号、II号戦車に関しては、本シリーズ第18巻「ドイツ軍軽戦車 1932-1942」を参照されたい。

1939年、ポーランドで撮影されたIII号戦車A型。A～D型は円形の車体機関銃マウントを装備していた。砲塔の黄色十字に注目（※）。カラー・イラストA1と解説も参照のこと。(Bundesarchiv)
(※訳注：それよりもA型のみの特徴であるやや大型の5個の転輪を備えた足回りにも注目されたい)

1941年、バルカン戦役中にギリシャに向かう途中の、第2戦車師団第3戦車連隊のE初期型。この部隊のその他の写真から、同部隊のマーキングはよく知られている。車体側面前寄りに小さな白の車両番号があり、砲塔側面には戦術記号が描かれている。馬の蹄鉄が泥よけに取り付けられている。カラー・イラストA2と解説も参照のこと。(Bundesarchiv)

備された。計画では各大隊は支援用の大口径砲を装備した戦車を配備した重中隊1個と、戦車を破壊する砲と2挺の機関銃を装備した戦車を配備した中中隊3個から成る。その後の成り行きとして、重中隊の装備はIV号戦車、中中隊の装備はIII号戦車となった。

　III号戦車の設計の出発点は、他のすべての主力戦車の設計と同様に主砲からであった。少壮戦車士官は50mm砲を要求した。イギリスは新型巡航戦車を40mm口径の2ポンド砲から始め、ロシアはすでにBT戦車とT-26に45mm砲を搭載しており、当時としては思慮にかなった考えであった。

　しかし装備に責任を負っていた兵器局は控え目であった。砲兵監督官による歩兵はすでに大量生産されている37mm対戦車砲を保有しているという後押しもあり、対装甲弾薬、兵器の標準化が明らかに望ましいと主張した。賢明な妥協が成立したが、これは戦車士官は37mm砲を受け入れるが、一方でターレットリングは必要な場合には、50mm砲を搭載できるように設計するというものであった。

　この問題が解決すると、次のステップは車体をその当時のドイツの橋梁の規格の24トン以内に押さえよう設計することであった（同時代のイギリスの設計者は、同様に鉄道積載軌間制限に悩まされた。これは戦車の幅を制限することになり、その結果ターレットリングが制限され、最終的には搭載する武装のサイズを決定した）。

　設計には標準的なレイアウトが採用され、エンジンは後部に置かれた。砲塔内では車長は中央、車長用司令塔（キューポラ）の下に座った。砲手は砲尾の左側で、装填手は右側であった。前方の車室内には、操縦手が左側に座り、無線手／車体機関銃手が右側に座り、両者の間にトランスミッションが配置された。前方車室の前部を左右に通る軸に最終減速機が配置され、起動輪を駆動させる。この基本的な配置は、本車の歴史を通じて変わらなかった。

　プロトタイプが製作され試験が行われると、ダイムラー-ベンツ社が開発および製造を

訳注5：貫徹されなくても、防盾の隙間に弾片が入り込んで作動しなくなることがある。

チュニジアで撃破されたM型。III号戦車の武装強化と装甲増強のものすごさは、前の写真と比べるとよくわかるだろう。60口径砲と防盾のスペースアーマー（※）、前面板にボルト止めされた増加装甲（※※）に注目。J型以降は車体機関銃マウントは、再び円形タイプに戻っている。砲塔番号の6は、黒に赤か黄色で縁どりされている。おそらく中隊番号を示すものだろう。これは一文字しか描かれていない場合に、ありがちな表記である。
（RAC Tank Museum）
（※訳注：隙間を開けて装甲板を取り付ける方式のことをいう。とくに歩兵携行兵器などの弾頭に使われる成形炸薬弾に大きな効果を発揮する）（※※訳注：こちらもスペースアーマーである）

監督することになった。本質的な要求条件は、15トンの車体で40km/hの速度が出せるという仕様だった。本車の本当の目的は、ZugführenungまたはZW（小隊長車）という秘匿名称によって偽装された。しかし軍官僚はどこまでも自分の職を永続させようとするもので、秘匿などまったくどうでもよくなってからも長い間、以降の型もすべてその型名だけでなく引き続くZWナンバーをもつことになった。

　A型は1936年に出現した。走行装置は5つの中直径の転輪からなり、前方に起動輪、スポーク式の誘導輪と2つの上部支持輪をもっていた。動力には出力250馬力の12気筒マイバッハ108TRエンジンを搭載し、ギアは前進5段後進1段であった。主砲にL/45 37mm砲、同軸に2挺の7.92mm機関銃を装備していた。防盾は内装式で、これは弾片に脆弱だった（訳注5）。さらに車体前部のボールマウントに、7.92mm機関銃1挺が装備されていた。車長用キューポラはきわめてシンプルで、スリットの入った「ゴミ箱」型で、砲塔には一枚板の側面ハッチが装備されていた。

　ダイムラー－ベンツ社は、最大装甲厚を14.5mmにすることで、重量を目標内に収めた。しかしサスペンションシステムは、軍事用途よりは民間用途に適したものだった。エンジン出力は相対的に小さく、車両の最高速度は32km/hと要求仕様を下回った。この型は10両が生産された。

　B型のコンセプトは前型とおおむね同じであったが、サスペンションの問題を解決するため、コイルスプリングに代えてリーフスプリングを採用していた。8個の小転輪が2つの水平スプリングユニットに縣架されていた。また上部支持輪は3個に増えていた。この影響で、重量はわずかに増えて、15.9トンとなったが、速度は控えめとはいえ2.8km/h増加し

第51ハイランド師団の乗員が、チュニジア戦線で第8軍によって撃破されたN型の最終減速機点検ハッチから内部を覗いている。ある資料からこの車体は、ティーガー大隊、第501独立重戦車大隊の支援戦車であることがわかる。塗装はダークイエローで、オリーヴグリーンの帯の上に、「マウゼアウゲ」という名が赤で描かれている。同じような塗装はティーガーと、車体前面の操縦手用バイザーの外側に描かれた、501大隊の菱形に囲まれた「S」の記号にも見られる。砲塔上面の枠状の構造物がおもしろい。この形は予備履帯の保持には不適切で、カモフラージュネットの支持具（※）と解釈できるのではないだろうか。
（※訳注：ジュリ缶のラックと考えられないだろうか。）

た。この車体は、突撃砲のプロトタイプのベース車体となった（本シリーズ第4巻「Ⅲ号突撃砲短砲身型 1940-1942」を参照）ことで少し注目される（訳注6）。

　C型は（B型と）ほとんど同一だが、リーフスプリングの配置に別の方式がとられており、大型の中央ユニットひとつに、前後に2つの小ユニットで構成されていた。B型とC型は1937年にほぼ同時に生産された。両型ともに15両が生産された（訳注7）。

　D型は1938年の終わりに出現した、8輪リーフスプリングサスペンションタイプのさらなるバリエーションである。C型と同じ前後の小ユニットをもつが、これがわずかに傾いて取り付けられている。しかし最大装甲厚は30mmに増加しており、より実用的な司令塔が導入されている。これは高さが低くなっただけでなく、ヴィジョンブロックで防護された開閉式バイザーを備えていた。

　これらの改良によって重量は19トンに増加したが、追加の前進段をもち前型の最大速度を維持できる性能向上型のギアボックスが組み込まれていた。この型は29両が生産された。さらにこれ以前の型も30mm規格に装甲強化された。D型は主砲弾120発と機関銃弾4425発を搭載していた（訳注8）。

　1939年にはE型が出現した。この型で最終的にサスペンションにまつわる問題が克服された。頑丈なトーションバーシステムが採用され、6個の小型の転輪を備えていた。走行装置の再設計に合わせて、新しい円盤型の誘導輪が採用され、3つの上部支持輪の位置もわずかに変更された。

　この型は300馬力の12気筒マイバッハHL120TRエンジンを備え、初期の型が装備していたマニュアル式ギアボックスに代えて、マイバッハ・バリオレクス・プレセレクター式ギアボックスが採用され、前進10段後進1段のギアを備えていた。車体重量は20トンに到達していたが、より強力なエンジンによって、最大速度は40km/hを発揮した。

　砲塔設計も変更され、二枚の観音開きの側面ハッチが装備された。初期生産型は2挺の同軸機関銃と内装防盾を引き継いでいたが、生産の進むにつれて、同軸機関銃が1挺に減らされて、外装式防盾に変更された（訳注9）。操縦手と無線手用に、車体側面の第2、第3転輪上にエスケープハッチが設けられたが、これも初期には見られない（訳注10）。E型の生産数は大きく増大して、100両近くに達している（訳注11）。

　F型の生産も1939年に開始された。初期型はE型とほとんど同一で、内装防盾に37mm砲と2挺の機関銃を装備していた。しかしこの型から履帯のブレーキ用に冷却口が設けら

訳注6：Ⅲ号突撃砲のプロトタイプの0シリーズは、Ⅲ号戦車B型車体を使用して軟鋼製の戦闘室を取り付けたものであった。1937年に5両が製作された。

訳注7：B型は1937年に15両を生産、C型は1937年から1938年1月に15両を生産。

訳注8：D型は1938年1月から6月に30両を生産。

訳注9：E型の生産はすべて原型のまま行われた。この改造は1940年8月から1942年までにE型の多くに施されている。

訳注10：断言することはできないが、おそらくすべての車両が装備していたのではないだろうか。

訳注11：E型は1938年12月から1939年10月に96両を生産。

1941年7月、ロシア、ドルト川を渡るⅢ号戦車。本車は第9戦車師団に所属と確認されている。(US NationalArchives)

れるようになった。冷却口カバーは車体前上面板に見ることができる。

このときになり、主砲に50mm砲を搭載(できるように)するという、もともとの提案の賢明さが明らかになった。そしてこの型の後期型は、L/42 50mm砲と1挺の同軸機関銃を、外装式の防盾に装備するようになる。この砲は同様にE型にも後に改修して装備された(訳注12)。

G型は1940年1月に始めて出現した。前型とはほとんど相違はないが、改良型の車長用司令塔を装備していた。最初の何両かは37mm砲を装備していたが、その後L/42 50mm砲が標準的に装備されるようになった。G型には北アフリカで使用するための改良型があり、大型のラジエーターとフェルト製の追加のエアフィルターが装備されている(訳注13)。

ポーランドとフランスでの経験は、Ⅲ号戦車は装甲不足であることを示した。これを補う暫定的な方法として、増加装甲板を装甲の脆弱な部分に追加することになった。しかしサスペンションはすでに最大荷重に達していると考えられており、これ以上の接地圧増加も望ましいとは考えられなかった。このため増加した重量を支えるため、基本的な足回りの再設計が必要であった。その結果H型が製作された。

この型ではトーションバーサスペンションが強化され、履帯の幅は36cmから40cmに広げられている。これに合わせて、新しい起動輪と誘導輪が導入された。起動輪は前型が8つの円形の穴が開いていたのにたいして、6つの台形の穴が開いている。誘導輪は8本のスポークタイプになった。古い起動輪および誘導輪のストックは、スペーサーを挟み込んで使用された。

複雑なバリオレクス・プレセレクター式ギアボックスは、より単純なアーフォン・シンクロメッシュ式ギアボックス前進6段後進1段に変更された。30mmの増加装甲板が、車体前面および前上面、操縦手席前面に取り付けられた(訳注14)。これによって車体重量は21.6トンに増加したが、実際には接地圧はわずかに低下している。そして最大速度は変わらなかった。

H型は1940年終わりから部隊使用を開始された。主砲弾99発と機関銃弾3750発を搭載していた。F型、G型同様、車体後部に取り付けられた装甲ボックスに発煙筒を装備していた。その使用法については後述する(訳注15)。

しかし増加装甲は、装甲強化設計を根本から施した型が生産に入るまでの、一時的で暫定的な処置であった。この型が1941年から生産が開始されたJ型であ

訳注12:F型は1939年9月から1940年7月に435両を生産、そのうち後期の約100両が50mm砲を装備したとされる。

訳注13:G型は1940年4月から1941年2月に600両を生産。

訳注14:増加装甲板は車体後部にも追加されている。

訳注15:H型は1940年10月から1941年4月に308両が生産された。

主砲および同軸機関銃を装填手の位置から見る。50mm L/42砲は前方が重く(マズルヘビー)であり、空薬莢の防危板にはカウンターウェイトの錘が取り付けられている。このことから写真の車輌は、HかJ型あるいは武装が換装されたFまたはG型であろう。(Imperial War Museum)

る。J型は前後面に一枚板の50mm装甲板を装備していた。内部機構の改良としては、前型の操向ブレーキを作動させるペダルに代えてレバーが装備された。

　フランスの陥落後ヒットラーは、かなりの先見性を発揮して、Ⅲ号戦車の主武装をより砲身の長いL/60 50mm砲にするよう命令を発した。供給が困難だったという理由もあり、

後期のJ型のL/60砲のバランスをとることは、もっと深刻な問題であった。この問題はシリンダーに入った平衡スプリングを砲に取り付けることで解決された。この装備は写真の右側に見える。その右前方には一部の車両には、補助旋回ハンドルが装備されていた。これは装填手が砲を旋回させる砲手を補助できるようにするもので、砲下部で伝達軸がリンクするようになっていた。(Imperial War Museum)

この指示は無視された。その結果T-34およびKV-1の76.2mm砲と対峙したとき、本車の武装はきわめて不十分であるということを露呈するはめに陥った。この不服従に激怒した総統は八つ当たりをして、不当にもⅢ号戦車を失敗した設計であると述べた。最初のL/42砲装備のJ型が生産された後、L/60砲が標準装備として搭載されるようになった。初期の型もドイツに送り返されて、武装が強化された。L/60砲用の弾薬搭載数は、78発に減少した(訳注16)。

　J型は1941年終わりには戦車連隊に配備され始めたが、そのころには50mmの基本装甲が不足していることは明らかだった。さらに追加装甲を取り付けることで不可避の重量増加を最小化するため、スペースドアーマーシステムが採用された(訳注17)。20mmの装甲板が、車体前面と防盾前面の少し前に取り付けられた。これとより大型の武装の搭載で、重量は22.3トンに増加した。この型はL型として知られる(訳注18)。

　M型は1942年に出現し、L型に非常に似通っていた。しかし反跳弁付のマフラーが装備されており、準備なしで約1.5mの水深を徒渉することが可能であった。マフラーは車体最後部に取り付けられた。砲塔側面には3本ずつ2群の発煙弾発射機が装備された。これを同時に発射すれば、車体前方へ扇形に広がったパターンで着弾するようになっていた(訳注19)。

　1941年終わりから1943年春までに、全部で1969両のL/60 50mm砲装備のⅢ号戦車が生産された。しかしとうにわかっていたことだが、その設計はもうこれ以上、武装の強化と装甲の増強は不可能であった。こうしてドイツ軍の主力戦車の役割は、Ⅳ号戦車に引き継がれた。

　Ⅲ号戦車の最終型はN型であったが、この型は標準型の戦車大隊の重中隊に装備されたⅣ号戦車の初期型がかつて搭載していた、L/24榴弾砲を引き継いで装備していた。本車は660両が生産され、機甲擲弾兵師団や新しく編成された重戦車大隊の、火力支援任務に用いられた。後者では、本車はティーガーが部隊に定期的に配属されるようになった後も、大隊と中隊司令部に長く留まり続けた。

　Ⅲ号戦車の生産は1943年8月に終了したが、その車台は突撃砲の生産に使われ続けた。後に歩兵が携行式発射機で接近して発射できる成形炸薬弾が開発されると(訳注20)、主装甲は5mmの車体側面スカートと8mmの砲塔スカートで覆われるようになった。これは間隔を開けることで、爆発力を殺ぐことを目的としている。同時にツインメリット対磁気地雷コーティング(訳注21)の塗布も行われた。

訳注16：J型のL/42砲搭載型は1941年3月から1942年7月に1549両を生産。J型のL/60砲搭載型は1941年12月から1942年7月に1067両を生産。

訳注17：スペースドアーマーにするとなぜ重量増加を防げるのか、この説明からはよくわからない。

訳注18：L型は1942年6月から12月に653両を生産。

訳注19：M型は1942年10月から1943年2月に250両を生産。

訳注20：炸薬をロート状に成形すると、爆発力が一点に集中して大きな威力を発揮するという、モンロー効果、ノイモン効果に基づく特殊弾薬。実際には、このはるか以前に開発されている。

訳注21：磁石によって装甲板に張り付ける対戦車爆薬の吸着を防ぐための特殊コーティング。

訳注22：潜水戦車部隊は1940年7月に志願者により4個大隊が編成されたが、イギリス上陸作戦の中止にともなって、このうち3個は第18戦車連隊になり、1個は第6戦車連隊に配属された。

訳注23：Ⅲ号火焔放射戦車に関しては、本シリーズ第8巻「ドイツ軍火焔放射戦車 1941-1945」を参照されたい。

特殊目的車両
Special-purpose Vehicles

L/60砲装備のJ型の砲塔内を砲手位置から見る。車長用の伝声管やその下のターレットリングに取り付けられている機関銃用予備銃身ケースに注目。(Martin Windrow)

まず興味深いバリエーションは、潜水戦車であろう。この車両は1940年にイギリス侵攻のために設計された。車体外部のすべての開口部には防水カバーが取り付けられ、車体と砲塔の隙間は、フレキシブルなゴムチューブで塞がれた。車長用キューポラ、砲マウント、車体機関銃はゴムシートでカバーされた。これらのカバーは、電気着火式の爆薬で車内から吹き飛ばすことができた。

エンジンへの吸気は長さ18mのフレキシブルチューブで行われ、チューブは先端にブイが取り付けられて海面に導かれていた。排気は2本の背の高い垂直のパイプで上方に導かれ、パイプ先端には反跳弁が取り付けられていた。最大安全潜水深度は15mで、乗員の潜行動限度は20分であった。

戦車は艀から水中に入れられ、海底をエンジンで走行して海岸に向かう。進行方向は母船との無線交信で指示を受けて維持される。全体として設計はうまくいき、実際にバルバロッサ作戦でブーク川の渡河に使用された。乗員は志願者が大隊に集められ、後に第18戦車連隊に編成された(訳注22)。

M型をベースに、火焔放射戦車が製作された。本車の公式名称はⅢ号戦車(火焔型)である。火焔放射器のチューブは、主砲マウントに通常の50mm砲の代わりに取り付けられていたが、主砲よりいくらか太いものとなっていた。車内には100リッターの火焔放射用燃料が搭載され、2サイクルエンジンによって火焔放射チューブに導かれた。火焔の放射は2秒から3秒のバースト放射に制限されており、最大55mの射程で80回までの放射が可能だった。

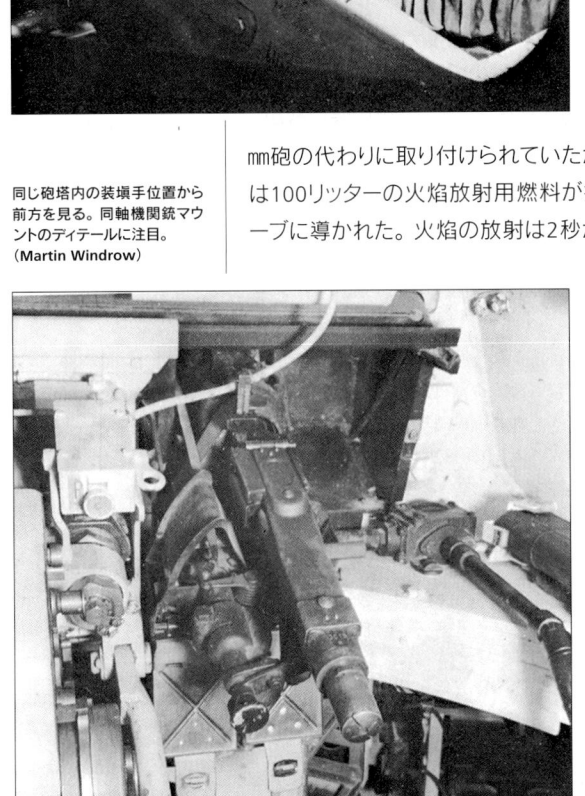

同じ砲塔内の装填手位置から前方を見る。同軸機関銃マウントのディテールに注目。(Martin Windrow)

乗員は車長／火焔放射手、無線手／車体機関銃手および操縦手であった。この改造型は100両が製作され、20から30両で特別の大隊に編成されて、高級士官の指示に基づいて使用された(訳注23)。

少々風変わりな開発品は、N型を鉄道用の台車に載せたもので、台車には伝達軸によって動力が伝えられた。本車はロシアで鉄道線路のパトロール用に開発されたもので、パルチザンの破壊活動を防ぐためのものだった。しかし装甲列車に勝る利点はそれほどなく、あまりに高価であるため、プロトタイプ段階より先には進まなかった。

Ⅲ号戦車はまた、広範囲に指揮戦車任務へ転用、使用された。このバージョンには、D、E、H型車体が使用された。これらすべては同じ方式で改造されており、砲塔は固定され(通常車体にボルト止めされた)、ダミーの砲身が装備され、エンジン

デッキ上には見間違えようのない、「ベッド枠」型のループアンテナが取り付けられていた。

H型ベースの捕獲車体に関する装甲技術学校の報告書によれば、砲塔上面はおそらく迫撃砲の射撃に対抗するため、15mmの追加装甲板で強化されていた。砲防盾は軽合金で作られていて、D型のものをモデルとしていた(訳注24)。無線機は(送信機と受信機の)2つのセットからなり、戦闘室の後部、動力伝達軸の直上に装備されており、ループアンテナに接続されていた。さらに2セットが前方車体壁と、もう2つがギアボックス上に装備されていた(訳注25)。

追加の視察ポートが設けられ、報告によれば座席と背もたれのクッションは、砲戦車に比べてより「ぜいたくな規格」のものが使用されていた。しかしこれはあくまでも相対的なものである。

捕獲された車体には地図テーブルは装備されていなかったが、これは標準的に装備されている。本来はⅢ号指揮戦車は連隊長かそれ以上で使用される大型指揮車両であったが、これらの車両は一部、さらに高位の司令官にも使用され、エニグマ暗号機(訳注26)が装備されていたと考えられている。戦争の後半にもっと多数の車両が使用されるようになると、大型指揮戦車が大隊長クラスでも使用されるようになった。

指揮戦車のひとつの問題は、その目立つループアンテナで簡単に識別されてしまうことであった。このため1943年にはもっと普通のロッドアンテナに代替された。敵にとって指揮車両は何にも増して撃破すべき車両であり、危機的状況下でそれが失われることは、重大な結果を招いた。当座の前線での代替のため、1942年秋には基本型のⅢ号砲戦車に追加無線機を装備した車体が採用された。本車はⅢ号戦車K型として知られる(訳注27)。

1943年までは機甲砲兵の前線観測士官は、その任務を軽ハーフトラックで遂行していたが、この車体は脆弱でその任務には完全には適合していなかった。このためこの年に何両かのⅢ号砲戦車が、この任務に向けて改造された。本車はⅢ号観測戦車と呼ばれる。このバージョンでは主砲は撤去され、砲マウント中央にボールマウント式の機関銃と、その右にダミーの砲が取り付けられている。

内部は砲兵用プロットボードとひとつはメインの作戦周波数、もうひとつは後方の砲兵との連絡用周波数の無線機が装備された。乗員は前線観測士官、技術補助員、2人の無線手、操縦手からなり、全員が砲兵科に所属する。

Ⅲ号戦車の系譜で最も長く続く子孫は、疑いなく突撃砲であろう。この車体は標準のⅢ号戦車車台の前方寄りに、低い固定戦闘室を設け、当初は初期のⅣ号戦車と同じL/24 75mm榴弾砲、後にL/43またはL/48 75mmカノン砲または105mm榴弾砲を搭載した。突撃砲は突撃砲兵の主要装備であり、近接歩兵支援に割り当てられた砲兵のエリート部門であり、機甲部隊とまったく変わらない栄誉を担った。

突撃砲は全部で10500両が戦車車体から製作されたが、その多くを製作したのはベルリンのアルケット社であった。突撃砲は敵戦車に対して、その生産数の3倍以上の戦果を上げた。後に全般的装備の不足から、戦車師団はわずかに残った戦車の補充として、突撃砲を受け取った。このことから少なくともⅢ号戦車は大戦を通じて運用し続けられたとはいえよう。突撃砲の歴史、開発、戦術等については、本シリーズ第4巻に詳しく記述されている。

1942年のスターリングラード周辺地域の戦闘で、突撃砲が搭載する75mm榴弾砲より重量級の火器が必要なことが明らかとなった。最初に選ばれた砲が、33式150mm歩兵砲であった。当時この火器はⅠ号、Ⅱ号、38(t)戦車車体(訳注28)に搭載されていたが、いくつかはかなり重量過大であった。さらにそのオープントップの構造は、市街戦には不向きであっ

訳注24：旧型の内装式防盾の形をしていた。

訳注25：Ⅲ号指揮戦車は、短距離用のFu6無線機に、長距離用のFu2またはFu7またはFu8を装備していた。

訳注26：エニグマは第二次大戦でドイツ軍が使用した暗号システムとして有名。簡単な暗号機できわめて複雑な暗号を作ることができたため、ドイツ軍の無線通信に使用された。

訳注27：通常のⅢ号戦車に無線機を追加した指揮戦車は、1942年8月から11月に81両が生産され、1943年3月から9月に104両がⅢ号戦車から改造された。K型はこの簡易型指揮戦車とはまったく別個のもので、Ⅲ号戦車にⅣ号戦車の砲塔を改造し50mm砲を装備したものを搭載していた。1942年12月から1943年2月に50両を生産。

訳注28：38(t)戦車車体にはまだ装備されていない。

訳注29：33式突撃歩兵砲は12両ずつ2回のロットで製作され、最初の12両は1942年11月にスターリングラードに送られ全滅している。第201戦車連隊の第9中隊に配備されたのは、後のロットの12両である。

訳注30：挟み込み式転輪を装備した車体は別の実験用車体で、Ⅲ/Ⅳ号戦車車体は、後にナースホルン、フンメル自走砲のベース車体となった。

た。
　こうした困難を克服するための試みとして、Ⅲ号戦車の車台が、33式突撃歩兵砲として知られる実験車両のベースとして使用された。配置は突撃砲のものが踏襲され、砲は80mmの前面装甲を持つ固定式完全密閉戦闘室に装備された。本車の重量は22トンで、乗員は5名であった。最大速度は20km/hで、主砲弾30発を搭載した。その後設計は、Ⅳ号戦車車台をベースとした、重突撃砲ブルムベアーに引き継がれた。33式突撃歩兵砲の生産は、1942年11月に停止され、このときまでにわずか24両が完成した。これらの車体は1943年夏に、第201戦車連隊第9中隊に配備されたとされる(訳注29)。

　その他、Ⅲ号戦車のバリエーションとしては、とてもシンプルな回収車両、Ⅲ号戦車回収車がある。本車は砲塔のない車体に、牽引用装備が取り付けられていた。補給車両としてⅢ号運搬車がある。本車は砲塔位置に木製の大型構造物を設けていた。無砲塔バージョンには、前線地域に弾薬を運搬する車両、戦車師団の突撃工兵部隊に必要とされる重機材運搬車両があった。地雷処理車両はプロトタイプが実験的に製作された。本車はグラウンドクリアランス(地上からの高さ)を取るため車軸が延長されていたが、詳細についてはあまりはっきりしない。

　1941年9月までに、Ⅲ号戦車とⅣ号戦車の戦場での役割は、似通ったものとなっていった。2つの車体の設計は多くの共通性をもっており、もし両者を統一できれば、部品の標準化など、多数のメリットがあると考えられた。統合車体はⅢ/Ⅳ号戦車という名称が与えられ、何両かのプロトタイプが製作された。この車体は車体と砲塔はもとの車体と同一であったが、足回りには6つの挟み込み式転輪が採用されていた(訳注30)。この設計案は優れたものであったが、砲と装甲の競争はきわめて激烈になるばかりで、最終的に1944年には放棄された。

「あしか」作戦(※)の試験中に撮影された潜水戦車。これらの車体は、1941年6月のバルバロッサ作戦の緒戦、ブーク川渡河作戦で成功裏に使用された。(Bundesarchiv)
(※訳注：1940年夏に予定されたイギリス上陸作戦の名称。結局中止された)

pzkpfw Ⅲ described

Ⅲ号戦車詳解

装甲
armour

　1943年4月、グラスゴーのメサーズ・ウィリアムズ・ベアドモア株式会社は、Ⅲ号戦車の組み立てに使用されていた装甲板のいくつかを分析する機会を得た。そのときの調査官は以下のような結論に達している。

第15戦車師団のIII号指揮戦車。師団マークが前部の泥よけに赤で描かれている。車体前面の国籍マークは、きわめて例外的なものである。(RAC Tank Museum)

「すべての素材は電気炉で製造されているが、その組成はかなり異なっていた。これはおそらくいろいろな供給先があったからだろう。すべての例で、炭素の含有量はイギリスで使われているものより高かった。またシリコンとクロムの高い組み合わせは、かなり通常と異なる特徴である。物理的特性は我々の防弾素材に匹敵するものだが、全体として特筆すべき点があるわけではない。溶接に関しては、多くの箇所で示されているように、すべての例で貧弱であった」

このコメントは、補給省によってさらに裏打ちされることになった。同省は捕獲された」型の車体と砲塔の詳細な調査を行った。

「かなり炭素が多い装甲板で、表面硬化処理を行いオーステナイト溶接棒を使って、同時に装甲板端をリベットで接合しても、戦闘力の高い構造を作り上げるという難問は克服されてはいない。外側の割れ目を見ると、予熱は加えられていないようだ。いかなる基準に照らしても、溶接仕上げは満足できるものではない」

機関
Automotive

マイバッハエンジンは、温暖な気候条件で作動するように設計されており、そこでは満足のゆく性能を発揮する。しかし熱帯やほこりっぽい条件では、故障したりオーバーヒートしがちになる。イギリス軍情報部の遺棄車両の試験後にまとめられた1942年2月18日付の報告では、エンジンと転輪に関する多数の欠陥が指摘されている。

III号戦車の火焔放射型は、L、M型に非常に似ている。しかし火焔放射チューブがより大きく太いことで見分けられる。わずかに見える車体後部の円筒は、深徒渉用排気システムである。(Imperial War Museum)

「エンジントラブルは主として砂がオイル供給パイプを詰まらせることで、クランクシャフトとピストンがダメージを受けることや、噴射機や発電機、スターターに入った砂が原因となって起こる。エアフィルターは、まったくもって不十分なものである。転輪のトラブルは、高速と熱でゴムタイヤが外れることで起きる」

運用ハンドブックでは、通常は最大2600回転のエンジン回転数を推奨している。しかしロシア南部や北アフリカのような気温の高い気候では、必要以上に低速ギアで運用した後は、温度低下のための運転が必要である。エンジンをブレーキとして使用するのは、2200

砂漠の第21戦車師団の前線戦術指令所。左にはSd.Kfz.250/3通信ハーフトラック、中央にはIII号指揮戦車、右には師団長用のホルヒ指揮車が並んでいる。オリジナルの写真では、ホルヒの泥よけ（向かって右）下寄りには、白で師団マークが描かれているのが見える。ここでは砲身の陰ではっきりとは見えにくいが、この指揮戦車はやはり車体前面板中央に、白の縁だけで国籍マークが描かれている。（Bundesarchiv）

〜2400回転では許容される。しかし2600〜3300回転帯では避けなければならない。

オーバーヒートしたエンジンは、スイッチを切った後も、自然発火しやすい傾向がある。この問題はもう一回スイッチを入れて、スロットルを開けるかアイドリングで、温度が下がるまで運転を続けることによって解消される。冷却システムの主要構成品は、2つのラジエーターで、全面積は5 1/2平方フィートになる。ここから2つのファンによって冷却気が導かれる。

バリオレクス・プレセレクター式ギアボックスは、7段までは効率的だが、その後は牽引力は急激に低下する。8段は路上走行に適当と考えられるが、9段と10段はオーバードライブ（訳注31）で、ほとんど使用されなかった。

アーフォン・シンクロメッシュ式ギアボックスには、肯定的なコメントが付けられている。ただしここでもトップ（すなわち第6段）ギアの牽引力は低いとされているが、これは主として路上で使用するために用意されているものである。両者ともに「旋回、丘や悪路で、低いギアに切り替えるときは、その時点で使用しているギアより、1段でなく2段低いものを選ぶ」よう推奨されている。

最終減速機と操向ブレーキ機構は、きわめて複雑である。過大な数のボールベアリングが組み込まれているが、すでに述べられたように、かなりの注意が払われており、履帯ブレーキドラム用に冷却システムが用意されていた。そうではあるが、2つの出力軸には自動的にトルクを調整する機構は存在せず、両方の操向ブレーキが解放された状態では、操向メカニズムは存在しなかった。

トーションバーサスペンションは十分な性能をもつものであったが、砂地では砂粒がショックアブソーバーに入り込む傾向があり、その寿命を短くした。履帯の張度調整はベルクランクで行われた。冬季の数カ月間には接地面を拡大させるため、オストケッテ（東部履帯）という名前で知られる、東部戦線用のエンドコネクターが取り付けられた。これは岩がちな地形では非常に危険な代物だった。

電気式セルフスターターが装備されていたが、これは緊急時にだけ使用するもので、エンジンが冷えた状態では決して使用しない。通常の始動方法はイナーシャシステムで、後面板を通してエンジン室内にスターティングハンドルを差し入れる。ハンドルは2人ではずみ車の回転数が60回転になるまで回し続けられ、それから動力がエンジンに伝えられる。

イナーシャスターターはよくできているが、ロシアの冬の真っ只中では、潤滑油が凍って糖蜜のようになってしまうので、操縦手がクラッチを切ってギアボックスの余分なオイルの抵抗を減らしてさえ、作動させるためには大変な努力が必要になる。冷たいエンジンの始動には、スターターキャブレターが使用されるが、これはアクセルとともには用いられない。補助なしでのエンジンの最低作動温度は、2000回転、油圧60lb/incで、摂氏50度である。

訳注31：エンジンの回転より高い回転数を駆動軸に与える。

砲および光学装置
Gunnery and Optical

　主砲および同軸機関銃の俯仰には、砲手の左側にある手動ハンドルが使用される。そのすぐ右には旋回ハンドルがある。旋回ハンドル下にはリリースラッチがあり、これは砲の下部を通って反対側の装填手によって手動で回されるハンドルと連結されている。旋回機構は2つのギアと連結しており、そのひとつは砲塔1回転のためにハンドルを88回転させる必要がある。もうひとつは微調整用で、132回転で1回転になる。主砲は電気的に発射されるが、その反動は単にブラウンという名前で知られる液体が満たされた、油気圧式緩衝システムで受け止められる。

　Ⅲ号戦車が装備する50mm砲は、マウントに取り付けた状態で砲口側が重たい。L/42モデルの場合は、空薬莢防危板の後部に取り付けられた鉛の重りで簡単に調整できた。しかしより長砲身のL/60砲が取り付けられると、さらにバランスが悪くなり、その補正のためシリンダーに入ったスプリングが、ターレットリングの前方脇角に取り付けられ、砲に連結された。

　この装備はJ型に見られるが、後の型ではトーションバーが砲塔天井を横切って取り付けられ、砲マウントの上部に接合された。同じく後の型では防危板は11.43cm延長されたが、おそらくこれもバランス補正のためだろう。しかしそのせいでターレットリングとのクリアランスは、44.45cmに減少した。

　照準望遠鏡は、たったひとつのシンプルな目盛りのパターンしかもたないイギリス軍のものより複雑で、2つの可動式パターンを備えていた。1枚目はレンジ（距離）プレートで、そのまま回転する。主砲と機関銃のスケールが反対側に刻まれている。50mm砲用のスケールは0から2000mまでの距離が記されていて、機関銃には0から800mまで記されていた。

　2枚目はサイティング（照準）プレートで、垂直方向に動き、照準、見越し角マークが描かれている。2つの板は同時に動きレンジプレートが回転するにつれて、サイティングプレートは上下する。選択された距離で使用するためには、距離ダイアルを回して、必要な印がサイト上部の矢印に合うまで回す。それから旋回、俯仰調整を行って照準マークを目標に乗せ合わせる。

　L/42 50mm砲型の車内弾薬搭載箇所は以下の通りである。

ドイツ軍は他の軍隊よりかなりの程度を、口頭による命令伝達に頼った。これにより指揮伝達過程はかなり素早く行われた。ロシアで撮影されたこの写真は、2両の指揮戦車が出会って命令を伝達している。上級士官は地図を見て打ち合わせているが、下位のたとえば操縦手等は、距離をおいて集まっている。(Bundesarchiv)

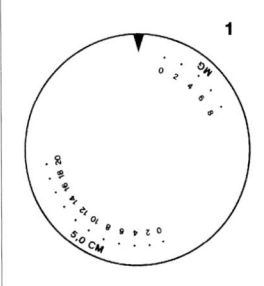 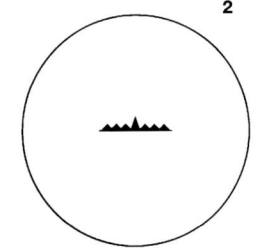 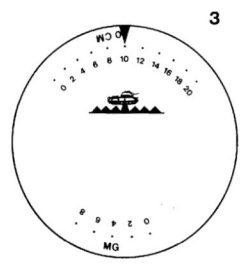 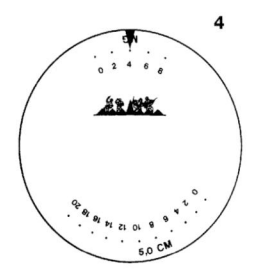

50mm砲装備のIII号戦車の「サイトピクチャー」、照準器の像。(1)はレンジ(距離)プレート、(2)はサイティング(照準)プレート、(3)は1000mで堅目標と交戦する主砲の様子で、(4)は400mで歩兵と交戦するときの同軸機関銃の様子。

砲手席の下：5発
戦闘室右後部の弾薬架：22発
その直上の弾薬架：12発
戦闘室左後部の弾薬架：36発
その直上の弾薬架：24発
合計：99発

　砲手席下の弾薬を別にして、すべての弾薬は垂直に保管されていた。薬莢は弾薬架床のへこみにはまり、弾頭はスプリング付きの留め金で所定の位置に保持された。この配置は巧妙なものであったが、いくつかの弾薬は取り出すことが難しかった。右下部の弾薬架と左後部のふたつの弾薬架は、スライド式の扉が閉められるようになっていたが、この扉は砂粒が詰まってひっかかりがちだった。右上部の弾薬架には、ヒンジで開閉する扉がついていた。L/60 50mm車体では、即用弾には水平に保持する方式が取られていた。

　どんな方式が取られていようとも、装填手の作業には床が固定式であるため、いくらかの不利がともなった。砲塔が旋回するときは、砲尾を追いかけて歩き回らなければならなかったからである。車長と砲手はもう少し運が良くて、砲塔そのものに座席が取り付けられていた(訳注32)。

　機関銃弾薬は戦闘室および車体機関銃手部の壁際に、バッグに入れて配置されている。各バッグには150発のベルト弾薬が収納される。バッグ方式はイギリス軍の金属箱の「ライナー」(敷金)を使用したものより効率が悪く、ベルトを銃に導くために片手で補助する必要があった。結果として車体機関銃手は銃のピストルグリップを使用して銃を旋回させることができたが、俯仰は非常に難しかった。この問題は新奇な発明、機関銃の後部に棒で連接されたゴムの頭当てによって解決された。車体機関銃手は、これに頭を当てて、頭を下げれば機関銃は上を向き、頭を上げれば機関銃は下を向くのである。

　F、G、H型の車体後部に装備されていた発煙筒ラックについては、前にも少しふれておいた。後期の型ではこの発煙筒ラックは、後に砲塔に発煙弾発射機が装備されるまでの間には、エンジン冷却気排出用の後部の張り出しの陰に装備された。ラックには5発の発煙筒が装備され、スプリングがついた取り付け具で位置に固定される。車長はカムシャフトとラチェットホイール(つめ車)に連結されたワイヤーを引っ張って、発煙筒を1発づつ解放する。引くごとにラチェットホイールは5分の1回転し発煙筒を解放し、チェーンに固定されたピンが抜け、ラチェットは2番目のスプリングで元に戻る。こうして5回コントロールワイヤーを引けば、すべての発煙筒が引き続いて解放され、戦車は後退して自身の作った煙幕の中に入ることができる。

　車長用キューポラには装甲シャッターが装備されており、ラッチで開、中間、閉位置を

訳注32：これはG型までの話で、H型からは砲塔バスケットが取り付けられるようになり、装填手の作業はやりやすくなった。

取ることができ、防弾ガラスで防護されている。何人かの車長はキューポラ内部に回りを取り巻くようにクロックコード（時計の文字盤を模して方向を示す）を描いて、車体との関係で砲塔位置を思い出せるようにしていた。戦闘行動で興奮してしまうと、こういうことはわからなくなってしまうものだからだ(訳注33)。

通常の状況では、操縦手は防弾ガラスの入った直接視察口を用いて視察した。戦闘行動中には視察口は旋回式のぶ厚い防弾カバーでふさがれ、代わりに双眼鏡式のペリスコープが使用される。ペリスコープ用の2つの穴は、バイザーのすぐ上に見える。この当時のドイツの防弾ガラスは、わずかに緑がかった色合いだった。

編制と戦術
Organisation and Tactics

戦車師団の主要部分は、もちろんその戦車部隊である。もともとの戦車師団は、2個大隊からなる連隊2個から編制されることが想定されていた。各大隊は32両の戦車を装備する中隊4個からなる。指揮戦車を含めて、戦車師団は全部で561両の戦車を装備することになる。しかしこれは夢であって、けっしてかなうことはなかった。

再武装計画にもかかわらず、戦争直前のドイツの戦車生産はゆるやかなままで、1939年9月に大部分の大隊はたった5両のⅢ号戦車しか装備していなかった。これはわずか1個小隊を装備するものでしかなく、師団では全部で20両でしかなかった(訳注34)。

師団の戦車戦力の比率は、24両のⅣ号戦車と軽量のⅠ号、Ⅱ号戦車からなり、場合によっては捕獲されたばかりのチェコの35(t)、38(t)戦車で埋め合わされていた。それでさえ、師団の平均的戦車数は320両で、大隊は第4中隊を残置するしかなかった。すなわちこれは25パーセントが紙の上の戦力でしかなく、後方の基地に残されていたことを示している。

1940年5月までには事態は改善され、グデーリアン(訳注35)の第ⅩⅨ戦車軍団(訳注36)に配属された各戦車師団は、90両のⅢ号戦車と36両のⅣ号戦車を装備し、さらにⅠ号、Ⅱ号戦車で増強されていた。他の師団は50両のⅢ号戦車と24両のⅣ号戦車プラスドイツ製軽戦車を装備していた(訳注37)。

第6、第7、第8戦車師団の主力装備は、37mm砲を搭載したチェコ製戦車で、正式にはⅢ号戦車の配備を受けていなかった。しかしロンメルの第7戦車師団はいくつかを受領していた。というのは5月21日のアラスの戦いで、彼は6両の損失を記録しているからである(訳注38)。全体として師団の戦力は218両から276両で、これは理論上の編制のほぼ半分であった。

フランスで達成された緒戦の成功を受けて、ヒットラーは戦車師団の数を2倍にする決定を下した。これは戦車部隊を半分にすることで達成された。これは師団を2個大隊の連隊1個で編制するというものであったが、6個連隊に関しては3個大隊を保有していた。このころにはⅠ号戦車と35(t)戦車はかなり旧式と見なされたが、Ⅱ号戦車はまだ偵察任務に用いられた。Ⅲ号戦車に関しては、各大隊の22両を装備する中隊2個に配備する十分な数がそろっていた。ロシア侵攻時には、師団戦力は150両から200両の範囲にあった。

1942年には前年の損失と、戦車生産がゆるやかにしか増大していないにもかかわらず、戦車師団の数はさらに増加した。東部戦線では北部戦区と中部戦区は比較的平穏で、この地域の連隊は1個大隊しか保有していなかった。活発な戦闘が行われた南部戦区では、戦車大隊の数は3個に増やされた。しかし実際にはこれは170両の戦車を装備しているということでしかない。

この段階で大隊の中隊数をはるか戦争前のように4個に増やすことが決められた。し

訳注33：これについてはⅣ号戦車同様のキューポラ位置と砲塔、車体とを調整するシステムが装備されていたのではないだろうか。その内容については本シリーズ第12巻『Ⅳ号中戦車1936-1945』を参照されたい。

訳注34：ポーランド戦時のⅢ号戦車の登録数はわずか96両に過ぎず、戦車師団の中には1両も配備されていない師団すらあった。

訳注35：ハインツ・グデーリアン。1882年生まれ。ドイツ陸軍戦車部隊の創始者であり、「電撃戦(Blitzkrieg)」理論の完成者。この理論を実践したポーランド、ベネルクス三国、フランス侵攻作戦で成功をおさめる。独ソ戦開戦後の1941年12月、東部戦線における失敗の責任を問われヒットラーに解任されるが、1943年2月に機甲兵総監を拝命。翌年7月のヒットラー暗殺未遂事件後、陸軍参謀総長に任命される。しかし、1945年3月、ヒットラーによってすべての職を解かれた。1955年没。

訳注36：フランス侵攻のためアルデンヌの森を突破するドイツ戦車部隊の南翼に配置され、イギリス海峡への突進を果たして、ドイツ軍勝利の立役者となった。第1、第2、第10戦車師団が所属している。

訳注37：各戦車師団のⅢ号戦車装備数を、第1戦車師団58両、第2戦車師団58両、第3戦車師団42両、第4戦車師団40両、第5戦車師団52両、第9戦車師団41両、第10戦車師団58両とする資料もある。

訳注38：アラスの戦いには第5戦車師団も加入しているので、そちらのⅢ号戦車ではないだろうか。

訳注39：ヴィッカーズ6t戦車を改良発展させたポーランド国産の7TP戦車のこと。

訳注40：豆戦車。イギリスのカーデンロイドから発達した小型

かし多くの場合この指示を満たすだけの装備は得られなかった。実際スターリングラード戦とカフカスからの撤退の後、平均的な戦車師団はおよそ27両の戦車しか保有していなかった。

1943年にはⅢ号戦車は急速に主力戦車としての重要性を失い、その位置を改良型のⅣ号戦車とⅤ号戦車パンターに取って代わられていった。しかし近接支援用のN型は、機甲擲弾兵の作戦支援への使用が続けられた。

戦車師団はとくに攻撃任務に適合するバランスをとった編制がなされており、その成功は攻勢作戦における突破局面での巨大な破壊力発揮能力に依存している。戦車旅団が突撃の先鋒となり、空軍が近接戦術支援を与え、4500mに満たない敵戦線の一部を攻撃するのである。接近するための行軍時には、戦車は「カイル」(楔)隊形をとって集結する。

しかし突撃そのものは、「トレッフェル」(こん棒)として知られる2つの連続する波の形に展開するか、「フリューゲル」(翼)として知られる2つの並行した集団の隊形をとる。両者のために戦車師団は4単位制で編制されたのである。各トレッフェルおよびフリューゲルは、特定方向の防御を受け持つ。攻撃の重量と速度そのものが防衛縦深を作り出し、戦車旅団はその想定された目標へと突進するのである。

戦車によって作り出された突破口から、師団の残りの部分があふれ出す。主力を導き何キロか先行して作戦する機甲偵察大隊。迂回された抵抗拠点を一掃し占領地域内の特定箇所を保持する自動車化ライフル連隊——後に機甲擲弾兵と呼ばれるようになる。反撃に備えてパックフロント(対戦車砲陣地)を形成する対戦車部隊。戦車を支援して、彼らの前進を遅らせるとくに強力な拠点を砲撃する機械化砲兵連隊。そして修理、補給、補充資材等の師団支援部隊。空飛ぶ砲兵としてピンポイントターゲットを襲撃する準備を整えた、急降下爆撃機隊と連絡する地上連絡員たちである。

集中と連続した機動が、戦車師団戦術の2つの柱である。集中は接触点に、敵よりも多数の砲列を敷くためである。連続した機動は一度突破した後、敵司令官が効果的なやり方で、位置が不明確な機動部隊に、すばやく反応することを不可能にするためである。

もし重防御地域に到達したら、それは迂回、包囲、放置され、後から来る部隊、すなわち歩兵部隊に任され、前進が続けられる。戦車による反撃の場合には、戦車はともに戦う。この任務はⅢ号戦車の肩にかかっていたが、初期にはより小型の35(t)戦車や38(t)戦車も務めた。敵戦車との交戦が始まったら、防勢／攻勢作戦が取られる。戦車は自軍の対戦車砲列の後方に下がるが、敵戦車の衝撃力が失われれば再び攻撃に復帰する。これを交互に行うには戦術的撤退が必要であり、戦車は対戦車砲手と連携して行動する。

もちろんこのような柔軟な作戦を可能にしてくれるのは、無線機が標準装備となっているからだが、ドイツ軍が現場の指揮官の個人的イニシアチブに多くを任せていることも大きい。指揮は師団の先頭部隊の中でとられ、他の軍に比べると書類による命令より口頭の命令により多く依存している。加えてドイツの指揮官は特別な作戦ごとに、即座に使用できる部隊をなんでも活用して、その場その場の戦闘団により、急ごしらえの編成作りに非常に熟練している。

ドイツ軍が戦略的防勢に追い込まれた後でさえ、この原則は東部戦線で前進する敵軍の、側面や後方に対する縦深反撃作戦にまだ適用された。しかしそのころには、Ⅲ号戦車はその数をどんどん減少させていたのである。

pzkpfw Ⅲ in action

実戦でのⅢ号戦車

ポーランド
Poland

　1939年9月1日に始まったポーランド戦役では、Ⅲ号戦車はわずか96両のA～E型が使用可能であったが、戦闘任務の主要部分は1445両のⅠ号戦車と1223両のⅡ号戦車が担い、211両のⅣ号戦車が支援任務を行った。

　ドイツ軍のこの戦役における戦略は、国土の西方国境を防衛しようとするポーランド軍の二重包囲作戦であった。第一の鋏は防衛線の前方にいる軍を近くで取り囲むように計画され、第二の鋏は後方深く侵入し、編成中の予備軍を孤立させようというものであった。この計画では計画者は、地理的要素に大きく助けられた。東プロイセンはすでにポーランド軍の北翼に接しており、一方チェコスロヴァキアの占領によって南側にも同様な優位性が得られた。

　ドイツ国防軍が7個戦車師団および4個軽師団を使用できたのに対して、ポーランド軍が対抗することができたのは、190両の戦車、その大部分はヴィッカース6t戦車をベースとしたもの(訳注39)と、470両の多かれ少なかれ役立たずの機関銃しか装備していないタンケッテ(訳注40)であった。

　これらの車両のほとんどは歩兵師団と騎兵師団の中にばらまかれており、そこではただ従属的任務しか果たすことができなかった。こうした状況では敗北は不可避ではあった。しかしドイツ軍戦車部隊の縦深侵入によってこそ、ポーランド軍の指揮機構は急速に崩壊したのである。これはまったくもって予想されていないことであった。

　ひとたび戦車師団が、重戦術航空支援を受けて防衛線を突破すると、敵は大損害を受けて大きく混乱し、完全に計画通りに包囲が完了した。そのころまでにロシアも介入し、ポーランド軍はまとまった組織としては存在しなくなった。

　しかし当時世界が考えたようには、まったく犠牲を払わず勝利を達成できたというわけではなかった。これは戦車師団が集団として戦った最初であり、戦術上、兵站上初めて直面する予想外の困難が生じた。たとえばグデーリアンは、第XIX戦車軍団を率いてポーランド回廊を突破し東プロイセンに達し、南に転じて敵心臓部に侵入したが、敵領土深く継続的に侵入するという考えに臆病になった隷下部隊の尻を、相当叩かなければならなかった。

　9月9日に第4戦車師団は、市街戦では戦車の果たし得る役割は限定的であるという手厳しい戦訓を学んだ。かれらは60両の戦車を失ってワルシャワから撤退したのである。戦いの間中、陣地に埋められた対戦車砲は、薄っぺらい装甲のⅠ号戦車の隊列に恐怖の大混乱を巻き起こした。そしてたぶん戦役の最も重要な助けとなったのは、西側がⅢ号戦車の数がかなりそろうころまで攻撃をしかけなかったことである。ドイツにとって幸運なことに、イギリスとフランスはドイツが準備を整えるまで、邪魔せずにほおっておいたのである。

訳注39：ヴィッカース6t戦車を改良発展させたポーランド国産の7TP戦車のこと。

訳注40：豆戦車。イギリスのカーデンロイドから発達した小型戦車で、安価で容易に大量配備ができたため世界中に広まった。

訳注41：改造ではなく新規に生産されたもの。1935年から1937年に184両が生産された。

訳注42：37mm砲は初期だけで量産型は47mm砲を装備。

III号装甲観測車は、右側にオフセットされたダミーの砲身で識別することができる。実際の武装は、防盾中央部に装備されたボールマウント式機関銃1挺だけである。
（Imperial War Museum）

フランスおよび低地諸国
France and the Low Countries

1940年5月10日、ドイツの戦車戦力はI号戦車523両、II号戦車955両、III号戦車349両、IV号戦車278両、35(t)戦車106両、38(t)戦車288両であった。これに加えて96両のI号戦車が下級部隊用の指揮戦車に改造され(訳注41)、一方III号指揮戦車36両は上級指揮官に割り当てられた

が、これは全体として軍が前線から指揮されることをはっきりと示していた。

これに対してフランス軍は各種の形式の3285両の戦車を、当時の世界の意見では機甲戦闘のエキスパートと考えられていた軍に配備していた。しかしこれらの車両の3分の1は前線に沿って小川の中の小石のように、歩兵師団と馬に乗った騎兵師団の支援にばらまかれており、一団となり集中して反撃するような計画はまったく存在しなかった。

フランス軍は実際にいくつかの戦車部隊を保有していた。最も経験豊かなのが3つのDLM（機械化師団）で、機械化騎兵連隊から編成されていた。そしてポーランド戦役の戦訓から、4つのDCR（戦車師団）が急いで編成された。これはやっと統合した部隊として確立されたものであった。

DLMとDCRの機能は、それぞれ戦車師団のもつ能力のある面を担うものであった。前者は伝統的な騎兵の偵察と前方警戒任務を遂行するもので、後者の主要任務は敵防衛線外郭を打ち破るものであった。しかしドイツ軍のやり方の継続的な高速機動作戦は、想定されもしなかったし精神的な準備もなかった。

彼らの主要装備はそれぞれ、47mm砲を装備し56mmの装甲厚を持ち最大速度が40km/hのソミュア中戦車と、砲塔に37mm砲(訳注42)を装備し車体に75mmを装備し60mmの装甲厚を持ち最大速度が28km/hのシャールB重戦車に、37mm砲を装備し34mmの装甲厚をもつオチキスH35軽戦車が補助していた。

この当時イギリス大陸派遣軍の唯一の機甲部隊は第1戦車旅団で、74両のMk I、II マチルダ歩兵戦車を装備していた。これらは60mmと78mmの装甲板に守られ、大きいほう（Mk II）は2ポンド砲を装備していた。同砲はドイツ軍の37mmよりわずかに勝っていた。イギリスの機甲部隊の残りといえば歩兵師団の騎兵連隊に装備された、薄っぺらい装甲の軽戦車しかなかった。

こうして軽戦車の分野では、ドイツ軍は数、武装、装甲で劣り、必然的に引き起こされる戦車対戦車の戦闘で、その重荷は37mm砲を装備した車両、とくにチェコ製戦車よりわずかに重装甲のIII号戦車が担うことになった。

他方フランス戦車の戦術的優勢は、ひとり乗り砲塔であったために相殺されてしまった。というのもこれは車長はたったひとりで、ワンマンバンドを演じなければならないからだ。車長は操縦手に指示し、戦うべき場所を選び、主砲を装填し狙いをつけ発射し、もし士官であれば彼の指揮下の戦車をも指揮しなければならないのである。

ほんの何人かの人間だけが、厳しく時間に余裕なく押し寄せる重圧にうまく対処することができたが、これはIII号戦車の砲塔内で行われる円滑で効率的な手順とはっきりとした対比をなす。その結果としてフランスの戦術的能力は、ドイツのそれを下回ったので

ある。

　フランスでの1940年戦役の成り行きは、あまりよく知られており、ここで詳細に繰り返す必要はないだろう。手短にいえば連合軍はドイツ軍が1914年にほとんど成功しそうになったシュリーフェンプラン(訳注43)を繰り返すと考え、低地諸国を通った右フックで左に旋回し、マジノ線(訳注44)の後方に大きく回って大包囲を行うと予想した。

　こうした計画はドイツ国防軍総司令部の共通認識として抱かれていたが、これはもっと想像力のある考え方にとって変わられた。これは1918年の最初のルーデンドルフの「カイザーシュラヒト」(カイザー攻勢)の、アミアンとソム河口を目標とし、その確保によって北部の連合軍を南部と孤立させることを狙ったものを下敷きにしていた。攻撃方向はアルデンヌを指向していたが、これはフランス軍はアルデンヌの深い森は、戦車は通れないと信じており、この誤った考えからマジノ線でカバーされていないからであった。この計画は軍作戦に関する最高の頭脳と考えられたフォン・マンシュタイン(訳注45)によって案出され、「ジヒェルシュニット」(鎌で切る)という名前が与えられた。その間、連合軍は古いシュリーフェン戦略が実施されると信じ続けるよう仕向けられた。というのは彼らの予備を攻撃正面から抽出させ、罠にはめられる部隊数を増やすからで、そのためにオランダとベルギーへの侵入が必要となったのである。

　攻勢が5月10日に開始されたとき、連合軍は国防軍総司令部の期待したまさにその通りに反応した。フランス第1、第7軍とイギリス大陸遠征部隊は、強い圧力を受けたオランダ、ベルギーを支援するため、北へ走りだしたのである。3日後にフランス機甲部隊の中でおそらく最も戦闘力が高かった第3機械化師団は、第1軍が所定の防衛線につく間の前方防御線の役割を果たし、ジャンブルー・ギャップで、第4戦車師団と激しい遭遇戦を演じた。

　ドイツ軍はその急降下爆撃機に支援され、これはすでにフランス車両指揮官を苦しめてきたがさらに悩ませた。ドイツ軍はさらに散らかった敵部隊に対して戦車を集中することができた。しかしそれにもかかわらず、フランス軍は彼らの攻撃を持ちこたえることができた。戦闘は一日中荒れ狂い、両者ともにおよそ100両の戦車を失った。しかしフランス軍が夕刻後退すると、多くのドイツ戦車は回収することができた(この日の終わりに擱座戦車が散らばる戦場で、戦場の支配あるいは戦場での行動の自由を得たことは、戦争を通じてドイツ軍が連合軍より最初からよく準備ができていた非常に重要な要素であった)。

　皮肉なことに両者ともにその目的を達した。第3機械化師団は第1軍がじゃまされずに陣地につくことを確保できた。そして第4戦車師団の圧力はフランス軍最高司令部に、最終的にドイツ軍の攻撃が低地諸国を通ってこの方面に指向されると確信させた。

訳注43：1890年から1905年にかけてドイツ陸軍参謀総長を勤めたシュリーフェンが策定した対フランス戦計画で、北方からベルギー領土を突破してフランス領内に進撃しフランス軍の背後に進出し、一挙にフランス軍を包囲殲滅しようという作戦計画。第一次世界大戦で採用されたが、シュリーフェンの後の参謀総長の小モルトケの手直しや各種の齟齬のため成功しなかった。

訳注44：スイスからルクセンブルクに至るフランスとドイツの国境沿いに、第一次世界大戦後フランスによって建設された、難攻不落の要塞線。建設を主導した当時の陸軍大臣マジノにちなんでマジノ線と呼ばれる。

訳注45：当時A軍集団参謀長で、その後第二次世界大戦中ドイツ機甲部隊を指揮して数多くの戦いで勝利を納めた優れた将軍。

III号回収戦車は、シンプルな無砲塔車両である。開口したターレットリング部には、悪天候への防護として折り畳み式のカンヴァスカバーが取り付けられている。ロシア冬季の写真で、カバーはつっかい棒で半分開けられている(※)。(Bundesarchiv)
(※訳注：写真の車両は弾薬運搬車ではないだろうか)

強力な潜在能力をもつ第1、第2戦車師団がこの攻撃に対処するためにシャルロロアの北に移動することを命じられたが、ちょうどそのとき全部で戦車師団5個を有し2個軍団からなるフォン・クライストの戦車群が、アルデンヌから沸き出てドイツ軍の本当の意図が明らかになった。この進撃に対応するため、フランスの2個機械化部隊はすぐに南に向かうよう命令された。

　古い軍事的格言にこのようなものがある。「先の命令に続く反対の命令が生み出すものは無秩序だけである」。この場合ほどこの事実が危機的なまでに現出した場合はないであろう。主要なフランス反撃部隊は、いくつかの方向に同時に動くという、ほとんど不可能な移動として離れ業を行ったのである。その戦闘部隊はいくつかの場所でその致命的に重要な補給部隊と、広い川の流れで隔てられてしまったのである。彼らがフォン・クライストと接触するはるか前に、彼らはホトの第XV戦車軍（第5、第7戦車師団）に一連の機動戦闘でおき去られ、ドイツ軍の速度を低下させるものは何もなかった。

　恐るべきシャールB戦車も、故障でほとんど行動に参加できず、小集団が絶望的な燃料不足と統一性のとれない、作戦統制の欠如した中で行動しただけだった。最初、彼らの出現はドイツ軍を狼狽させた。というのはその搭載砲はドイツ軍の保有するすべての戦車を撃破できたのに対して、それらの頑丈な前面装甲板は逆にドイツ軍の37mm砲を簡単に跳ね返したからである。

　しかし最初の衝撃が克服された後、ドイツ軍の戦術家らは、地上および空中からの火力の優越を生かして、個々のフランス車両にあたることにした。そして戦車砲手は注意深く射撃するようになった。履帯を破壊すればシャールBは前にも横にも動けなくなる。これは車体に装備された75mm砲を無用のものにした。一方でドイツ戦車は側面に回って、よく目立つエンジンルーバーを撃ち抜きシャールBを破壊した。加えてたくさんのシャールBはその燃料タンクが空っぽになり、放棄され捕獲を防ぐために乗員自らの手で火を放たれたのである。これらの交戦過程が終わるころには、第1、第2戦車師団は存在しなくなっていた。

　ドイツ機甲部隊はいまや50kmの幅でフランス国土を切り裂いていた。5月15日、第3戦

カモフラージュされたIII号装甲観測車。戦車師団の前線観測砲兵士官が、装備火砲の射撃統制のために使用している。本車は右側にオフセットされたダミー砲で識別することができる。武装は防盾中央部に装備されたボールマウント式機関銃1挺だけである（※）。
（RAC Tank Museum）
（※訳注：この解説はまったくの誤りで、1945年のベルリンで爆撃の後片付けに出動したといわれる、挟み込み式転輪をもつ実験車両である）

イギリス軍のマチルダ戦車との初遭遇で撃破されたⅢ号戦車。予備転輪や予備キャタピラによる防御力強化の大変な努力も、おそらく本車乗員の命を助けてはくれなかったことだろう。
(Imperial War Museum)

車師団がセダンの南で、この回廊の側面に反撃を試みたが、矛盾する命令で行動を妨げられ停滞した。そして最後には粉々に打ち破られてしまった。翌日シャルル・ド・ゴール(訳注46)の率いる第4戦車師団がモンテルナのさらに西を攻撃し、この攻撃は成功しかけて第10戦車師団をくい止めたが、それにもかかわらず国防軍最高司令部と陸軍最高司令部に、作戦の進行に疑いを持たせるような、さしたる印象を与えなかった。

　実際にはドイツ軍もこの戦いを無傷では済ませられなかった。さらにずっと走り続けた代償として故障車が続出し、その先鋒として軍が期待したⅢ号戦車の数は減少していった。そして多くの士官にとって、戦車師団は敵の罠の中に真っすぐ進んで行くように思えた。フランス軍戦車部隊が後方を切断して包囲し、射弾を浴びせてくるのだ。この見解はフランス軍機甲部隊の能力を過大評価したものだった。彼らは従属的役割しか演じず、実際の戦線の何キロも後方で支援任務についていた。それだけでなくこれは敵最高司令部の危機対処能力も過大評価していた。しかしこうした見解を無視することはできず、沸き起こった疑いによって、グデーリアンのような積極的な指揮官ともっと保守的な彼の上官らとの議論は白熱した。熟考の末前進を続けることが許可され、5月19日にアミアンは占領され連合軍はふたつに切断された。

　2日後、国防軍最高司令部の心配性の高官たちは衝撃を受けた。アラスの近くで、イギリス第1戦車旅団が反撃を開始し、第7戦車師団を半分に切り刻み、SS師団「トーテンコプフ」と戦いとなった。午後までにはドイツ空軍の支援で事態は回復されたが、ロンメルが直後に提出した報告書によると、彼が「何百両」もの戦車に攻撃されたと主張していた。これは大きく誇張されたものだったが(訳注47)、これに影響されて戦車の海峡諸港への突進は中止され、いくつかの部隊は危険に対処するため、後方の通過した回廊に沿って派遣されたほどである。

　進撃が再開されたときには連合軍は、ダンケルクからの脱出を組織するだけに十分な態勢を整えていた。脱出の間中ドイツ軍機甲部隊は誤って後方に控置され、ゲーリングの要求でドイツ空軍が撃滅を試みたが、とどめを刺すのに失敗した。

　わずかな休息期間と再編成の後、ドイツ国防軍はその攻撃目標を、ドイツ軍のもとの戦車回廊の南に新たな戦線を構築した連合軍の撃破に転じた。フランス軍機甲部隊はまだ存在していたが、長く抵抗する条件は存在しなかった。イギリス軍第1機甲師団はシェルブールに上陸していたが、混乱の内にあまりにも急いで派遣されたため、砲、照準器、弾薬、無線機などすべての供給が不足していた。それはいみじくも師団長がいったように、機甲師団などというもののてんで反対であって、その本当の能力は「装甲」指揮車両にベニヤ板を張ったようなものだった。

　フランス軍は多数の注意深く評定された砲兵によるキリングゾーンの縦深に頼って防

訳注46：フランス軍の中でも機械化戦闘に造詣が深い数少ない人物であった。後にイギリスに亡命して自由フランス軍を率い、戦後はフランス大統領にもなる。

訳注47：アラスの反撃は実際にはドイツ軍の後方を切断するといった、だいそれたものではなく、アラス周辺の態勢挽回のための局地的反撃に過ぎなかった。参加した戦車の数も何百両どころではなく、100両にも満たないかき集め兵力だった。

衛しようとした。しかし砲がドイツ空軍によって沈黙させられるまでは損害が出たが、その後は突破された戦線を通って戦車師団が南へと流れ込み、何もそれを止めることはできなかった。第1戦車師団はいくつか遅滞戦闘を行ったが、迂回されシェルブールへ撤退せざる得ず、そこから脱出した。6月22日、フランスはドイツと休戦協定を結んだ。

この戦役はドイツ空軍と戦車師団先鋒部隊の絶妙なチームワークと、フランスの士気崩壊と古臭い戦術ドクトリンに助けられて勝利が遂げられた。ドイツ軍の死傷者はわずか15万6000人で、そのうち戦死者は6万人であった。オランダ、ベルギー、フランスが占領されイギリス軍はヨーロッパ本土からの撤退を余儀なくされた。連合軍の死傷者数は230万人で、巨大なフランス機甲部隊は完全に消滅した。

しかしその戦闘のほとんどを担った戦車師団にとっては、勝利は安上がりなものどころではなかった。実際、その損害はほとんどその保有する戦車の半分に及んだ。その多くは軽戦車で、その理由は多岐にわたった。勝利の幸福感にかき消されてしまったがもうひとつ重要な点があった。師団の修理所の能力が、戦闘終結に向かって緊張が高まる中で、決定的に不足したことである。この問題は故障したり戦傷を受けた戦車をドイツ本国に後送してしまうことで、ごまかしつつとはいえ緩和されたが、大局的な文脈でいうと大規模修理工場の欠如が、最も重大な問題であった。

Ⅲ号戦車の設計者にとっては、西方戦役は彼らにとって偉大な勝利であり、ドイツ軍の主力戦車の考え方を完全に正当化したものであった。実際のところシャールBやソミュアがうらやまれた時もあった（イギリスのマチルダは戦車対戦車の文脈ではほとんど含まれない）。こうした理由で本車は、すでに見たように50mm砲に武装が強化されたのである。

北アフリカ
North Africa

ドイツ軍がこのまったくもって関係のありそうにない戦場に姿を現したのは、1940年終わりと1941年初めに、イタリア軍がウェーベルの「3万人」(訳注48)に徹底的に敗北を喫したからである。よろめく同盟国を支えるためにヒットラーから送られたのが、前第7師団長のエルヴィーン・ロンメル中将であった。彼とともに送られた兵力はきわめて限られたもので、同じく限られた指令しか与えられなかった。

彼はメルサ・ブレガのイギリス軍配置の弱点を見抜き、受けていた命令に反して、1941年3月3日に攻撃を開始した。攻撃によって薄っぺらな防衛線は突破され、それに続く徹底的な追撃によってイギリス軍はベンガジ突出部だけでなくトブルク港を除く全キレナイカから後退することを余儀なくされた。4月13日までには、枢軸軍はエジプト国境に達し、戦略的に重要なハルファヤ峠を占領した。

4月19日、トブルク防御線を突破しようという試みが行われた。オーストラリア歩兵は、先頭のⅢ号戦車を彼らの頭上を通過させ、それから後に続く部隊と交戦し、追い払った。ドイツ戦車は地中に埋められた第1近衛戦車連隊B、C中隊の巡航戦車と、第7近衛戦車連隊D中隊のマチルダからの砲火を浴びせられた。ドイツ軍は何両かを失い、もときた道を引き上げていった。

5月15日の夜明け、ハルファヤ峠はまた別のマチルダ連隊である、第4近衛戦車連隊C中隊によって行われた偵察攻撃によって占領された。ロンメルは断固として峠は再奪取されねばならないと考え、5月27日、160両もの戦車で3つの戦闘団を編成し、Ⅲ号戦車を先頭にして1点に集中した攻撃を仕掛けた。彼らの司令官の目は信じがたい光景を見た。たぶんすべてC中隊から集められた9両のマチルダが、彼らを見つけてはい出してきて、歩兵を援護して海岸方向へと撤退していったのである。

訳注48：北アフリカのイタリア軍25万人に対して、中東戦域総司令官の司令官ウェーベルは、1940年12月6日にオコンネル指揮下の西方砂漠部隊3万の兵力で攻勢を仕掛け、完膚なきまでに打ち破った。

砂漠で遺棄されたⅢ号戦車をイギリス兵が調査しているところだが、宣伝用にポーズを取った写真である。一桁の砲塔番号の右には、ずらりとぶら下がった水筒の上に、ヤシの木のアフリカ軍団マークが見える。あきらかに経験ある乗員たちらしく、必要なすべての装備を戦車に積み込んでいる。しかし水の貯蔵にはイギリス軍のシャガル、カンヴァスバッグの方が優れていた。蒸発による冷却作用で水を冷たく保つことができるからである。

　ドイツの砲手は熱心に照準を合わせ、弾丸を次々と放ったが、37mm、50mm弾がマチルダのぶ厚い装甲に弾き飛ばされるのを見ただけだった。シャールBと異なりマチルダには脆弱なラジエータールーバーは無く、その履帯もうまく守られていた。それに加えてその3人乗り砲塔の運用はⅢ号戦車とまったく同じく効率的で、2ポンド砲による反撃は450mから720mという通常の戦闘距離で、現存するすべてのドイツ、イタリア戦車の装甲板を撃ち抜くことができた。

　「カイル」（楔）の隊列で先頭を行くドイツ戦車は爆発し始め、敵戦力をまったく減らすことなく燃え始めた。その背後では消極的な行動が取られ後退行動が始まり、すぐに全大隊が射程外となった。3両の生き残りのマチルダは峠を後退し、履帯を損傷して動けなくなった車両の6名の乗員を拾い上げた。

　こうした出来事はドイツ戦車部隊の歴史に未曾有のことであった。ロンメルはイギリス軍の手に渡った宣伝戦での勝利に怒りに我を忘れた。不運な大隊長は軍法会議にかけられ、その直属上官も即座に解任され、そして第5軽師団長も更迭された。戦車乗員の中にマチルダへのまさに本物の恐怖心が存在したとしても完全に理解できるところである。当時唯一の防衛手段は、88mm対空砲を対戦車任務で射撃するしかなかった。しかし88mm砲はわずかしか保有していない貴重品であり、急遽バランスの是正のためアフリカに戦車猟兵を送る要請がなされた。

　6月にイギリス軍はトブルクを解放するための最初の大攻勢、「バトルアクス」作戦を発動し、15日にカプツツィオ砦を占領した。翌日の夜明けに第15戦車師団は反撃を開始した。しかし第7近衛戦車連隊A、B中隊の待ち伏せの中に飛び込んでしまった。彼らが脱出に成功するまでに、80両の戦闘車両のうち50両が失われた。師団長はハルファヤでの敗北に続く彼の同僚の運命を覚えており、カプツツィオを迂回し東方から孤立させることを期待した。彼に与えられた褒賞は、再びマチルダがたちはだかったことだけだった。今回は第4近衛戦車連隊B中隊が、第206地点として知られる丘に陣取っていた。

　さらに南では第5軽師団が、第7装甲旅団の巡航戦車に対して、攻勢／防勢作戦で成功を収めつつあった。彼らの2個連隊（第2、第6近衛戦車連隊）の戦力はハフィド丘の対

カラー・イラスト

解説は44頁から

図版A1：
III号戦車A型　第2戦車師団所属
ポーランド　1939年

図版A2：
III号戦車E型　第2戦車師団所属
バルカン　1941年

図版A3：
III号戦車J型　第14戦車師団所属
ロシア　1941年

図版B1：
III号戦車G型　アフリカ軍団所属
リビア　1941年

図版B2：
III号戦車J型　元第21戦車師団所属
北アフリカ　1942年

図版B3：
III号戦車N型　第15戦車師団所属
チュニジア　1942～1943年

図版C1：
Ⅲ号戦車H型　第10戦車師団所属
ロシア　1941〜1942年

図版C2：
Ⅲ号戦車J型　第24戦車師団所属
ロシア　1942年

図版D:
Ⅲ号戦車J型

各部名称

1. 50mm前面装甲板
2. 予備履帯
3. 操向ブレーキ点検ハッチ
4. 20mm前上面装甲板
5. 牽引ブラケット
6. 前面上部50mm装甲板
7. 50mm上部構造物主装甲板
8. 20mm増加装甲板
9. 7.92mm MG34機関銃
10. 球形防盾、装甲ボールマウント
11. 無線機ラック(背面)
12. 5cm KwK L/42主砲
13. 砲塔リング跳弾板
14. 後座時保持用装甲スリーブ
15. 後座ブレーキ及び復座機用装甲カバー
16. 7.92mm MG34同軸機関銃口
17. 50mm砲防盾上に取り付けられた20mmスペースドアーマー
18. 57mm砲塔前面装甲板
19. 30mm砲塔側面装甲板
20. TFZ5f(2.5×24°)望遠照準サイト
21. トラベリングロックステイ
22. 7.92mm 同軸MG34機関銃
23. 砲俯仰および旋回用手動ハンドル
24. 排気ファン
25. 砲尾
26. 防危板
27. 後部右側弾薬架
28. 車長席
29. 両開ハッチ
30. 視察ブロック付き車長用キューポラ
31. 乗員所持品用雑具箱
32. エンジン点検ハッチおよび燃料タンクアクセス
33. アンテナ収納箱
34. 倒された2mロッドアンテナ
35. 装甲点検ハッチ下に置かれた
    マイバッハHL-120V-12 300馬力ガソリンエンジン
36. ラジエーターファン点検ハッチ
37. 牽引ロープ
38. 冷却気吸気口
39. 冷却気排気口(リアカバー下)
40. 予備転輪
41. ピストルポート
42. 調整可能誘導輪
43. 消火器
44. バンパー
45. ジャッキ
46. 30mm上部構造物側面装甲板
47. 6個の二重転輪、タイヤ(520/95)
48. 鉄梃(透視図のため短縮)
49. 道具箱
50. ゴムタイヤ付き上部支持輪
51. 上部構造物を車体とボルト止めするためのフランジ
52. 砲塔リング
53. 側面脱出ハッチ
54. 30mm側面装甲板
55. 砲手席
56. トーションバー(床下)
57. 砲手用足掛けおよびペダル
58. 横置きトーションバースプリングと連接されたスウィングアーム
59. 操縦手座席
60. ガスマスクコンテナ
61. ショックアブソーバー
62. 乾式ドライピン鋳造鉄製履帯タイプKgs61/400/120
    (センターガイド歯式、400mm幅、120mmピッチ、99枚)
63. 操向レバー
64. ギアーシャフトレバー
65. ノーテック管制式ライト
66. ZFS.S.G.77ギアーボックス
67. 起動輪
68. 計器盤
69. 操向ブレーキ
70. 管制カバー付きヘッドライト
71. ブレーキ冷却気吸入口
72. 最終減速機

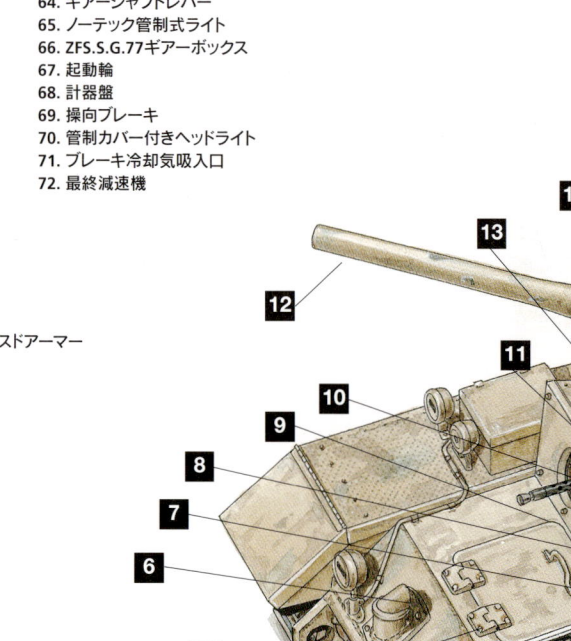

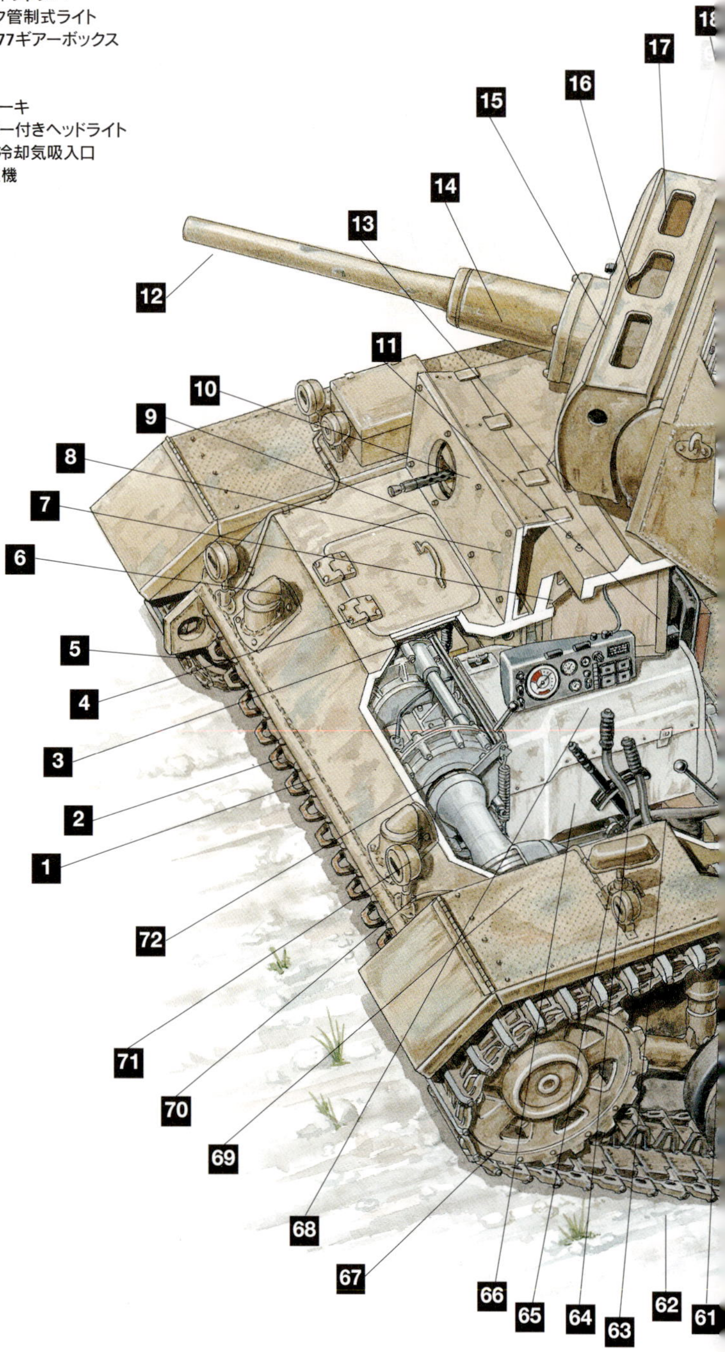

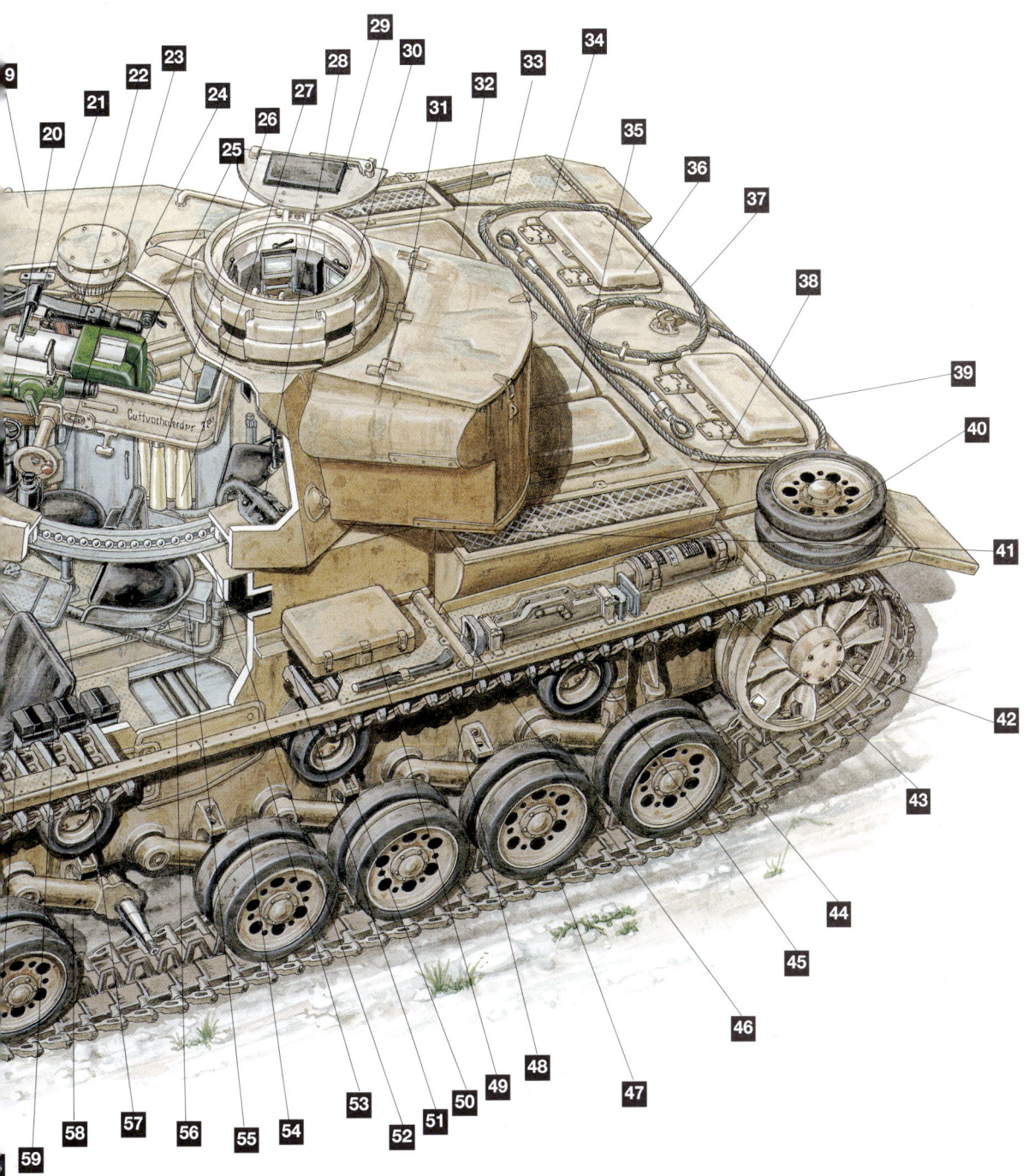

図版E1：
Ⅲ号戦車M型
第3SS戦車師団「トーテンコプフ」所属と推定　クルスク　1943年

図版E2：
Ⅲ号戦車J型
SS第1戦車師団「ライプシュタンダルテ・アードルフ・ヒットラー」　ロシア　1943年

図版F1:
Ⅲ号戦車M型指揮戦車　名称不明の砲兵部隊所属
ロシア　1943〜1944年

図版F2:
Ⅲ号戦車L型
SS第3戦車師団「トーテンコプフ」所属
クルスク　1943年

図版G1：
二等兵　陸軍　戦車部隊　1939～1940年

図版G2：
戦車乗員　ロシア　1941年夏

図版G3：
戦車乗員　ドイツアフリカ軍団　1942年

図版G4：
戦車乗員　SS第3戦車師団「トーテンコプフ」
1942～1943年

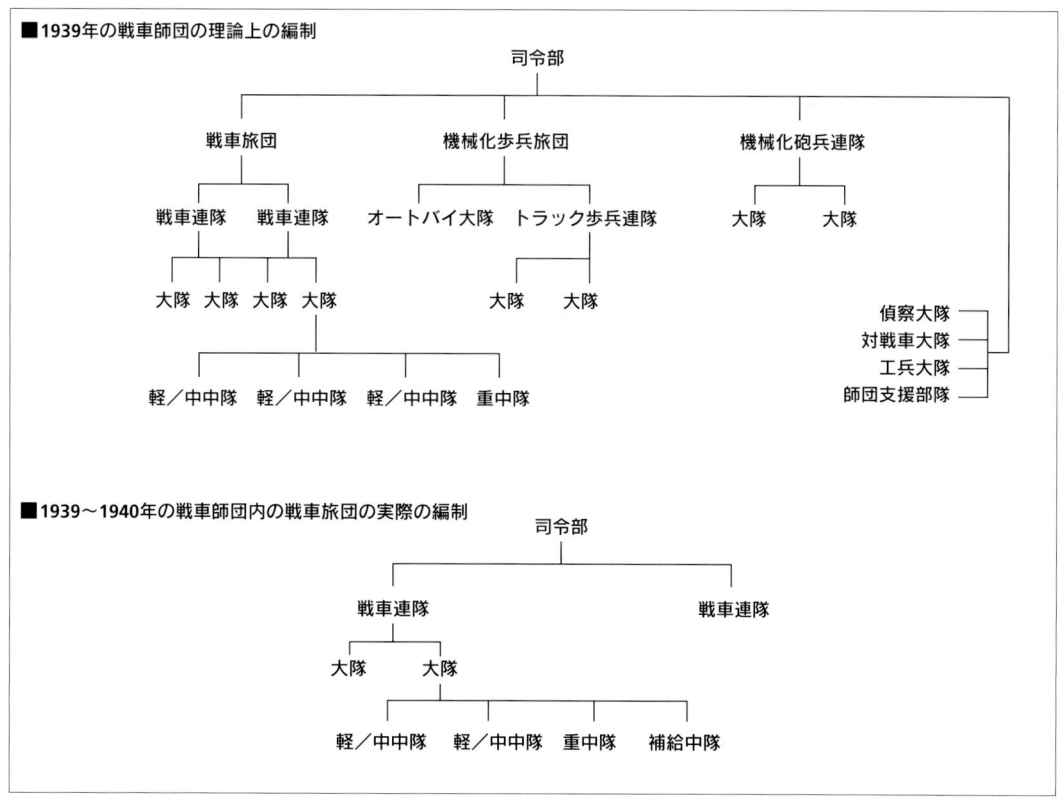

戦車砲スクリーンで減殺されていた。第5軽師団はそのとき「砂漠のねずみ」(訳注49)と戦うために打って出た。機動戦で第6近衛戦車連隊の新型クルセーダー戦車は、急激に消耗した。ドイツ軍の意図は海岸に向かって北へ掃討していくことだった。こうしてカプッツィオ砦のイギリス軍部隊は罠に落ちるのである。しかしこれが達成される前に「バトルアクス」は中止となり、マチルダ戦車2個中隊によって脱出回廊が保持された。彼らは一日中全ドイツ師団を阻止し続けた。

　戦車戦の間、イギリス軍は100両以上のドイツ戦車を撃破した。しかし全損はそのうちのたった12両だけだった。残りは回収されて修理された。イギリス軍の損失は91両で、その多くは単なる故障であった。これらは高位レベルの混乱と誤判断がなければ回収することができた。このときはイギリス軍高官の頭の中はぐるぐる揺れ動いていたのだ。

　11月になってようやく、トブルク解囲のさらなる試みがなされた。「クルセーダー」作戦は「バトルアクス」作戦よりはるかに大規模で、3個機甲旅団（第4、第7、第22）と2個戦車旅団が加わっていた。まず第XIII軍団が北翼をカバーし、それからトブルク要塞から突破出撃する。イギリス軍の第一線戦車戦力は756両で、枢軸軍は320両であった。

　しかしロンメルは彼の2個戦車師団（第5軽師団は第21戦車師団に改編された）を集中して使用したのに対して、イギリス機甲旅団はそれぞれ別々の目標を各個に攻撃した。その結果攻撃初日のうちに第7機甲旅団は戦場から姿を消し、第4、第22機甲旅団は混乱し、ばらばらになって撤退した。

　しかしロンメルが期待したような、エジプトへの急襲でイギリス軍司令官の神経を破壊することには失敗し、再編成を実行するための十分な時間を与えてしまった。トブルクは第XIII軍団によって解放されたが再び孤立し、最終的に解放されたが、その間戦術的、機械的にまったくの消耗戦が続き、ドイツ軍戦力はキレナイカから撤退しなければならない

訳注49：ロンメルの好敵手となったイギリス第8軍。

戦利品の一群。これらの車両の一部は第二次エル・アラメイン戦の間にイギリス第8軍によって捕獲されたものである。最前列にはIII号戦車が並んでいる。中には指揮戦車が1両含まれている(※)。ほとんどの戦車にはUS（使用不能）と書かれている。後方には自走砲(※※)とイタリア軍のM13/40戦車が並んでいる。(Imperial War Museum)
(※訳注：すべて戦車型のように見える)
(※※訳注：フランス製のロレーヌ牽引車に15cm重砲を搭載した、15cm 13式重野戦榴弾砲搭載ロレーヌ牽引車型自走砲)

までの危険なレベルに落ち込んでしまった。

　枢軸軍戦車はおよそ300両が破壊され、これに対してイギリス軍は187両を失った。これにはイギリス戦車との戦闘での損害だけでなく、その他III号戦車の不十分なエアフィルター能力による故障や、2ポンド砲ポーティ(訳注50)や25ポンド砲の直接照準射撃によるものも含まれる。これはイギリス軍も不動の砲列線を敷いていられたわけではないという事実を思い知らされる。

　ロンメルの特筆すべき回復力は、1942年1月に示された。彼はわずかな戦車戦力の補充しか受けなかったが、予想外の反撃を行い、失った地歩をほとんど回復した。前線は最終的にガザラで安定した。ここで両軍は次の戦闘のための戦力増強を開始した。アフリカ戦車軍はやがて、イタリア戦車228両、II号戦車50両、IV号戦車75mm榴弾砲搭載型40両、III号戦車L/42 50mm砲搭載型223両、III号戦車L/60 50mm砲搭載型19両で、総戦力560両を数えるまでになった。これに対してイギリス軍は、イギリス軍は843両の戦車を保有していた。最も重要なのは167両のグラント戦車で、新しく砂漠に到着したものだった。この車体はスポンソンに75mm砲を備え、イギリス軍の対戦車火力を増強してくれた。

　枢軸軍の最初の決定的な攻撃は、5月27日に開始された。グラントは戦車師団の隊列に大きな穴を穿ったが、イギリス軍はいつものように、「クルセーダー」作戦中と同じように協調のとれない状態で戦い、貴重なチャンスを逃して、最終的に大損害を被った。ほとんどの戦車が失われ、その後すぐにトブルクが陥落した。これはアフリカでのIII号戦車の誇るべき勝利であり、これによってロンメルは元帥杖を与えられた。

　アフリカ軍団も大きな損害を被ったが、わずかな手持ちの戦車だけで、打ちのめされた第8軍の追撃が遂行された。これはイギリス軍がメルサ・マトルーの防衛線から追い出されるまで続けられたが、新しく構築されたエル・アラメインの防衛線を突破するために必要な打撃力を欠いていた。

　8月終わりまでにロンメルは、彼がガザラ／ナイトブリッジの戦いで示した、右フックを繰り返すのに十分な増援を得た。243両のイタリア戦車に加えて、ロンメルはL/60型III号戦車71両、L/42型III号戦車93両、旧式IV号戦車10両に少数の軽戦車を保有していた。重要なのは、L/43 75mm砲を搭載したIV号戦車F2型27両が到着していたことである。これは彼の切り札であったが、同時にIII号戦車がいまや戦場での必要な能力を失ったことを明確に示していた。その後攻勢はアラム・ファルファの丘でくい止められ、枢軸軍は厳しい燃料不足によって防勢に追い込まれてしまった。

　このことを第8軍の新司令官バーナード・モントゴメリー中将は、エル・アラメインの第二次戦闘の計画に抜け目なく利用しようと考えた。第8軍は最初にここ、そしてここというぐあいに消耗戦を仕掛け、戦車師団を反撃任務のため戦区間を走り回らせ、かけがえのな

訳注50:トラックに砲を積んだ簡易対戦車自走車両。

訳注51:イタリア軍の主力中戦車。47mm砲を装備し前面装甲厚は30～37mmであった。全般的にドイツ戦車より旧式で、戦力的にはあまり期待できなかった。

い燃料を使い尽くさせようとした。これはロンメルには効果的な防衛法のない戦略であった。というのは突破は彼の軍の全滅につながるからである。

　10月23日に戦闘が始まったとき、第8軍は170両のグラントと252両のシャーマンを含む1000両以上の戦車を展開することができ、さらに多数の予備もあった。枢軸軍の戦車戦力は、278両のM13(訳注51)に、85両のL/42型、88両のL/60型III号戦車、8両の旧式IV号戦車、30両のIV号戦車F2型であった。テル・エルメアカキールの戦いのような大規模戦車戦の間にイギリス軍はより多数の戦車を失ったが、ロンメルの戦力は効率的に費消させられ、敗北は不可避であった。戦闘が終了するときまでにイタリア戦車師団は存在しなくなり、少数のドイツ戦車を除いてすべてが戦場で破壊されるか放棄された。そしてアフリカ軍団はチュニジアへの長い撤退を開始した。

　その後のほとんどの戦闘は、山岳地帯で生起した。アメリカ軍第1軍は、急ぎ船で送られた第10戦車師団と、再装備された第15、第21戦車師団とティーガー大隊が加わった、最後のドイツ軍のアフリカ橋頭堡に近づいた。カセリーヌ峠でアメリカ第1軍に対して、有名な勝利が得られたが、その終わりをたいして遅らせることはできなかった。1943年5月12日、アフリカでの戦いは公式には終了した。(本シリーズ第3巻「チャーチル歩兵戦車1941-1951」を参照されたい)

　最終局面の間、III号戦車はドイツ軍の編制表の上で最も数の多い戦車であり続けた。しかし前線に送られる数では75mm砲を装備したN型が増えていった。

　「75mm短砲身砲が長砲身の50mm砲より好まれた理由は、主にふたつあったようだ。本質的に戦闘形態が徹甲弾より榴弾が有効だったこと、そして1942年の夏から75mm砲弾薬に導入された成形炸薬弾が、全般的な有効性を高めたことである」(『イギリス軍公式戦史』「地中海および中東、第IV巻」、500ページ、I.S.O.プレイフェアー少将他より)

バルカン
The Balkans

　ヒットラーは長い間ボルシェビキ・ロシアとの対決を望んでおり、攻勢は1941年の春、開始されることになっていた。しかし彼はその前に右翼を安全にするためにユーゴスラヴィアに侵攻し、ギリシャとの戦闘で敗走したムッソリーニの軍を救わなければならなかった。この短い戦役では再び、ドイツ空軍と戦車師団の徹底したチームワークと、ヨーロッパでも最も峻険な国のひとつを突破して戦車を前進させる、ドイツ戦車乗員の決断力が注目される。彼らはまた、ロシアの冬が始まる前に利用できる作戦期間から導き出される、時間というものを意識しなければならなかった。

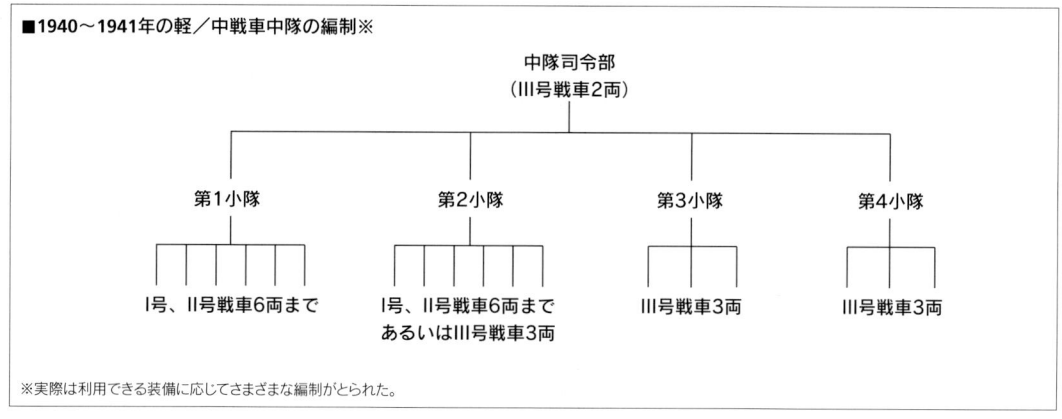

■1940～1941年の軽／中戦車中隊の編制※

※実際は利用できる装備に応じてさまざまな編制がとられた。

「クルセーダー作戦」中に破壊された戦車が並ぶ砂漠の光景をもうひとつ。左側のIII号戦車には、操縦手用バイザーの向かって右に、赤で第15戦車師団のマークと、白でアフリカ軍団のヤシの木のマークが見える。(Martin Windrew)

　貧弱な装備しかもたないユーゴスラヴィア軍は、民族的、宗教的、政治的相違によって分裂しており、強敵ではなかった。さらに彼らはちょうどフランスやポーランドがそうしたように、国境で防衛するという戦略的誤りを犯した。そのよくこなれた編成を用いて、戦車師団は素早く効果的に侵入、主要な渓谷に沿って前進し、ユーゴスラヴィアの防衛線を孤立させた。彼らの作戦の利点は、長い国境に沿った攻撃で相手がよろめくタイミングをとらえることにあり、その意図は新たな侵入を繰り返して敵を情勢不案内として、そうして異なる部隊によって遂行される攻撃を主要都市に集中して、国土を素早く分断することにあった。

　ここでは非常にわずかな戦闘しか生起せず、ひとりのドイツ戦車士官などは、戦車師団の前進はパレードのようであったと書いているほどである。交戦は1941年4月6日に始まったが、ユーゴスラヴィアは11日後に無条件降伏し、34万5000名を越える兵士が捕虜収容所へ赴いた。ドイツ軍の全犠牲者はすべての理由を含めて、たったの558名であった。

　ギリシャはこれほど楽勝とはいかなかった。しかしギリシャ軍の展開様式は本質的に、枢軸軍の勝利を確実に示していた。ギリシャ軍は21個師団を擁していたが、そのうち15個師団がすでにアルバニアでイタリア軍と戦っており、(ドイツ側から見て)左翼のブルガリアとの国境線は、ユーゴスラヴィアからの攻撃に大きく開かれていた。

　ここで戦車師団は強靭な抵抗に直面したが、ギリシャ中心部への突進は決定的であった。ギリシャ軍は4月23日に降伏し、到着したばかりのイギリス軍団は、有名なテルモピレイ峠を通って撤退した。そこで翌日、第5戦車師団第31戦車連隊第1大隊の19両の戦車は、愚かにも隘路を一列で強引に押し通ろうとした。これは経験ある部隊が取るようなふるまいではなかった。戦車は1両残らず撃破されるか炎上した。イギリス軍は、ペロポネソス半島のカラマタへ撤退を続けた。4月28日、彼らのほとんどはやむなくすべての重機材を捨ててそこから海路で撤退した。この戦役中7万名のギリシャ兵が戦死するか負傷し、27万名が捕虜になった。一方イギリス軍は1万2000名近くの犠牲者を出した。ドイツ軍の損害は人員4500名に達し、戦車の損害は受け入れがたい数に達した。目に見えぬ損害は、時間の損失と戦車師団の車両に蓄積した疲労、損傷であり、その両者はソ連で行われる作戦に有害な影響を及ぼしたのである。

1941年4月、閑散としたユーゴスラビアの町の中心部を行くIII号戦車F型。この戦役中、敵軍よりも行動困難な地形が大きな敵となった。
(US National Archieves)

ロシア
Russia

　1941年にソ連が何両の戦車を保有していたか、だれも正確には知らない。しかし少なく見積もっても、その数は2万両を下らない。その内容はT-100、T-35、T-28といった多砲塔の恐竜から、ちっちゃな水陸両用のT-37タンケッテまで多種多様であった。西側の基準では、それらは乱暴に仕上げられていたが、頑丈であり意図的にシンプルなレイアウトとなっていた。というのは乗員はまだ技術的に洗練されていない国民から選抜されていたからである。

　長年にわたってロシアは、フランスの歩兵支援理論にしたがっており、攻撃は重戦車が先導しその後をT-26が支援した徒歩歩兵がしたがい、一方BT戦車を装備した先駆的部隊が、突破に使用するために控置されていた。しかしポーランドとフランスでのドイツの電撃戦戦術の成功と、彼ら自身のスペインとフィンランドでの失敗によって、司令官たちはそのドクトリンの欠陥を認めることになり、戦車師団に似た編成をとることになった。ただし不運にもソ連戦車軍団の基本構造は、ヒットラーが侵略を始める段階では、まだ移行段階に過ぎなかったのである。

　これだけでも十分悪かったが、加えてロシアの戦術的反応はフランスよりもはるかにゆっくりしたものだった。全体主義で無慈悲な中央集権化された国家は、高級士官のイニシアチブよりも絶対的な服従を要求した。そして1930年代に進歩的な士官の一団が粛清されてしまったことによって、個々人にとって安全な道は、上からの命令を待つことであ

1943年春、チュニジアで放棄されたドイツ軍野戦修理所。興味深い写真である。(Martin Windrew)

訳注52：KV重戦車については本シリーズ第10巻「KV-1&KV-2重戦車 1939-1945」を、T-34中戦車については本シリーズ第7巻「T-34/76中戦車 1941-1945」と第13巻「T-34/85中戦車 1944-1994」を参照されたい。

った。これは戦車部隊司令がその決定を先導車両から指揮し、その目的とするところが継続的な機動性にある戦闘の速度に合わせるのに理想的な状態とはほど遠かった。このようなきわめて不満足な状況に加えて、ロシア軍機甲部隊は戦術的柔軟性を欠いていた。というのも無線機の装備はせいぜい大隊長までで、そのため移動中の命令は車両間では旗や手信号でしか伝達できなかったからである。

他方ロシアには何人かの卓越した戦車設計者がおり、とくに砲と装甲の関係を深く考慮して戦車を作り出す技量を備えていた。新型のKV重戦車とT-34中戦車とはともに76.2mm砲を備えていたが、これはドイツ戦車部隊が備えていたいかなる砲よりも勝っていた。一方でKVの装甲はマチルダに比肩すべきものであり、T-34の傾斜装甲は良好というだけでは足りないくらいで、そしてそのクリスティサスペンションは、ドイツの戦車のそれを上回る走行速度を与えてくれた (訳注52)。

ロシア侵攻、「バルバロッサ」作戦は1941年6月22日に開始された。ドイツ軍は3200両の戦車が使用可能で、このうち1440両がⅢ号戦車、517両がⅣ号戦車であった。戦車師

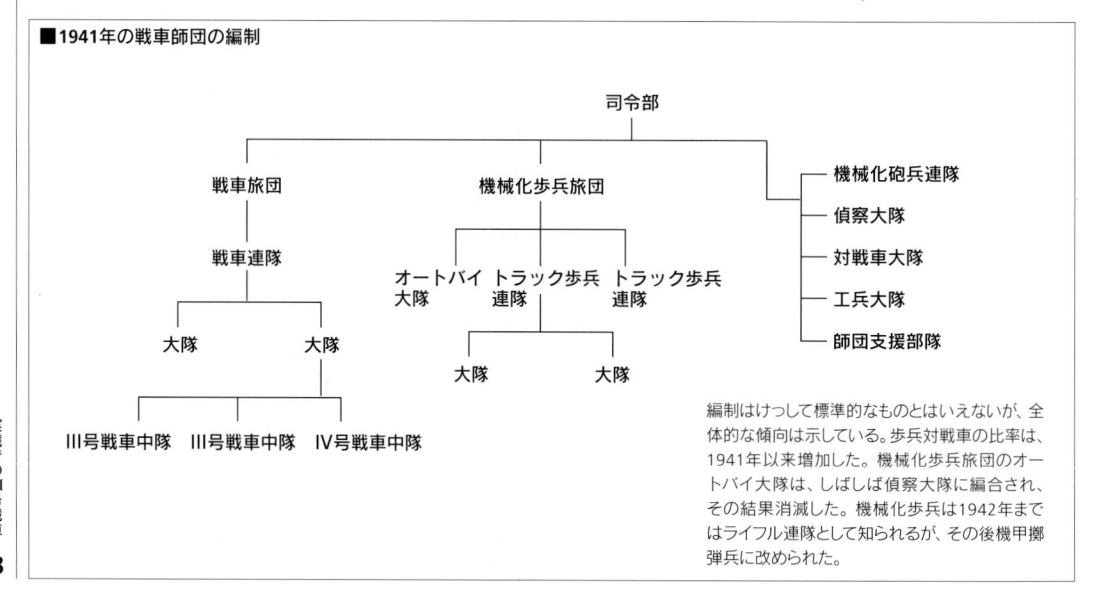

■1941年の戦車師団の編制

```
                           司令部
         ┌──────────────┬────────────────┬─── 機械化砲兵連隊
      戦車旅団        機械化歩兵旅団      ├─── 偵察大隊
         │          ┌─────┼─────┐      ├─── 対戦車大隊
      戦車連隊    オートバイ トラック歩兵 トラック歩兵  ├─── 工兵大隊
      ┌──┴──┐    大隊     連隊       連隊    └─── 師団支援部隊
     大隊    大隊              │         │
   ┌──┼──┐                  大隊       大隊
 Ⅲ号  Ⅲ号  Ⅳ号
戦車中隊 戦車中隊 戦車中隊
```

編制はけっして標準的なものとはいえないが、全体的な傾向は示している。歩兵対戦車の比率は、1941年以来増加した。機械化歩兵旅団のオートバイ大隊は、しばしば偵察大隊に編入され、その結果消滅した。機械化歩兵は1942年まではライフル連隊として知られるが、その後機甲擲弾兵に改められた。

III号戦車の最も有名な派生型が突撃砲である。写真の初期型はL/24 75mm榴弾砲を装備しており、1940年のフランス戦役にはたった4個中隊しか参加しなかった。
（RAC Tank Museum）

団は全部で17個で、4個の戦車集団に編成されて、最初の攻撃に参加した。赤軍空軍の前線部隊は地上で撃破され、戦車の先鋒部隊は前進を開始した。戦闘が始まると抵抗は激しかったが、統制されていなかった。

ドイツ軍の捜索員が傍受したロシア軍上級部隊の無線では、たびたび哀れな要請が行われていた。「何をすればいいんだ、命令を請う！」。上級司令部からの指示なしに決定を下そうとする勇気のある人物はほとんどいなかった。そして命令が部隊に届くころには、戦術状況は彼らが理解していたものとは、がらっと変わってしまっていたのである。

戦車部隊は繰り返し協同して巨大な包囲網を作り、続行する歩兵部隊が処理し、大量の捕虜と装備品を得た。モスクワでは、スターリンが典型的なソビエト的流儀でいけにえのヤギを要求していた。しかし、彼の指導的戦車専門家を射殺したところで、これは赤軍の状況にいかなる劇的な改善ももたらさなかった。

これは呆然とするような敗北であった。赤軍の損害は最終的に100万名に達し、戦車は1万7000両が破壊されるか、捕獲、あるいは単に故障した後に乗員によって放棄された。3週間をわずかに過ぎた時点で、1個戦車集団は640kmも前進した。そして重要なロシア鉄道システムの中核となるモスクワは、手に届くところにあった。

しかし別の要因も働いた。フランスでは戦車師団は機械的に達成可能な目標、海峡が定められていた。ロシアでは目標はあまりにも遠く、ドイツの大修理システムは、単純に故障車の多さに対応できなかった。これは1km進むごとに増加していったのである。そしてまた戦闘による損害も以前の戦役よりも大きく、2700両を数えた車両は、10週間の戦闘後には戦車先鋒部隊は、以前の自身の単なる影にすぎないほどに減少した。

モスクワをすべての行動が停止する天候悪化の前に占領できたかどうかは疑問のまま

N型のクローズアップ。塗装色はアフリカ戦の最終段階において、いくつかのドイツ戦車に使用されている、より暗いダークイエローのように見える(※) (Martin Windrew)
(※訳注：チュニジアではライトグリーンが使われたという説もある)。

であるだろうが、ヒットラーが戦車集団の配置によけいな干渉をしたため、敵軍には望外の時間の余裕が与えられた。ロシアは生き残り、その無限の潜在力が、秤をゆっくりと、しかし二度と戻すことなく、ナチスドイツに不利に傾け始めた。

　戦車と戦車の対決では、Ⅲ号戦車は旧式なT-35やT-26、装甲の薄いBT戦車に容易に対処することができた。しかしKVは歓迎できない驚きをもたらした。街道に座り込んだ1両のKV戦車によって、まるまる1個戦車師団が、一日にわたって足止めされたのである。浴びせられたすべての砲弾を跳ね返す、こうした状況では、ドイツ軍歩兵は猛獣に忍び寄って爆薬を仕掛けるしかなかった。

　この怪物には37mm砲は無意味であった。L/42 50mm砲も通常45mかそれ以下でなければ——そして後方からが望ましい——撃破することができなかった。最高傑作のT-34は、ドイツ戦車の乗員にとって頭痛の種であった。彼らはこの戦役が始まる時点では、ロシア軍戦車に対して広範な技術的リードをもっていたと心底から信じていた。しかしⅢ号戦車に関しては、L/60砲を搭載してさえ敵とのこのギャップを埋めることはできなかったのである。このバランスは、血と、ロシア軍の戦術がドイツ軍の熟練とイニシアチブに対して、

1942年、ロシア戦役で前線地域に向かう、第24戦車師団のⅢ号戦車J型をよくとらえた写真。この部隊では車体後部に大きな雑具箱を愛用しているようだ。雑具箱背面には師団マークが描かれているが、これは師団の出自の第1騎兵師団を思い出させるものだ。カラー・イラストC2を参照されたい。第24戦車師団はスターリングラードで失われたが、その数カ月後に再編成される。(Bundesarchiv)

突撃砲の後期型は、高初速砲を装備した。このタイプの防盾はザウコプフ(ブタの頭)として知られる。この車体は手前にいる歩兵がもっている(※)ような、成形炸薬弾防御のためのサイドスカートを取り付けている。(Bundesarchiv)
(※訳注：パンツァーファウスト)

不適切であったことで正されたのである。
　ドイツ国防軍にとって1942年の大作戦は、バクー油田を目指してのカフカスへの突進であった。一度戦車隊列が、雲の沸き起こる空の下、ステップ(草原)へと動き出し、彼らの履帯の下、何キロもの大地が去ってゆくと、戦車師団はまるで第二の「幸福なとき」を享受しているかのようであった。しかし実際にはそこではほとんど戦闘は起きなかった。というのは赤軍は教訓を学んでおり、主攻勢から身をかわしたからである。
　しかし、前進の東翼にスターリングラードが横たわっていた。この町に対してヒットラーの誇大妄想癖がむくむくと起き上がってきた。彼はすべての予備兵力をこの町の占領に転用した。これにロシア最高司令部スターフカは正しく注目しており、彼らは巨大な二重包囲で第6軍と白兵戦に引き込まれて手痛い目にあっていた第4戦車軍の一部をも罠にかけた。凄惨な戦いは1943年2月2日まで続き、この日新しく元帥になったばかりのフォン・パウルスは、20万名の将兵とともに降伏した。
　スターリングラードは、ドイツ軍の中核に打撃を与えたというだけでなく、カフカスからいまや急いで撤退するドイツ軍部隊を、赤軍が包囲するというもっと恐ろしい可能性をもたらした。赤軍にとって必要なことは、南西にアゾフ海へ向かって決定的な突進をすることであり、それによってドイツ軍の命運は尽きるのである。
　スターフカは、この任務に2個軍を派遣した。バトゥーチンの南西方面軍とゴリコフのヴォロネジ方面軍である。彼らはしばらくは自由に突進した。これはフォン・マンシュタインによって、考え抜かれた方針により可能となったものであった。南方軍集団司令官(訳注53)であったマンシュタインは、ソ連軍の意図を完全に見抜いていた。彼は、ロシア軍は縦深侵入作戦への経験が不足し、貧弱な兵站支援能力のため、すぐにその補給梯団を使い

訳注53：当初、マンシュタインの部隊は、スターリングラード救援のためのドン集団であったが後に南方軍集団となる。

ロシアの原始的な道で左側の履帯を地雷で破壊された、非常に興味深いⅢ号指揮戦車後期型(※)の写真。同軸機関銃は装甲視察バイザーに変更されている(※※)。その左側には3本の発煙弾発射筒が見える。車体の砲塔すぐ下には、さらに2つの視察口が見える。通常の目立つフレーム無線アンテナは折り畳まれている(※※※)。(Charles K.Kliment)
(※訳注：Ⅲ号戦車K型。訳注27を参照)(※※訳注：実際は砲塔ごとⅣ号戦車から流用したまったく別設計のものである)(※※※注：フレームアンテナは初めから装備されていない)

尽くし、必然的に生じる損耗によって、その戦車戦力は着実に減少するということを的確に認識していた。彼はドイツ軍の機甲戦力がとどめの一撃を放てるだけ十分に集積されるまでは、反撃を開始することを望まなかった。というのもスターリングラード戦によって、ドイツ軍は800両もの戦車を失っており、彼の戦車師団の平均戦力は、戦車がたった27両しかなかったからである。

1943年8月、所属不明のⅢ号戦車大隊が、ミウス～スターリノ地区で村の廃墟を通り過ぎる。先頭の車両は砲塔周囲に円形のスペースドアーマーを装備しているが、車体側面スカートは左側にしか装備していない。(Bundesarchiv)

　1943年2月20日、ついにマンシュタインは動いた。彼らはバトゥーチンの側面に切り込み、ほとんどのソ連軍隊列が、燃料を求めて停止していることを発見したのである。南西方面軍は敗走し一直線に撤退を強いられ、615両の戦車、400門の火砲を失い、2万3000名が戦死し、9000名が捕虜となった。ゴリコフは彼の打ちのめされた僚友を救おうとしたが、捕捉されてもっとひどい目にあった。ヴォロネジ方面軍はドン川を越えて撤退を強いられ、後には600両の戦車、500門の火砲に、4万名の犠牲者が残された。ただラスプチアだけが、堅く凍った大地を通行不能な泥沼に変え、フォン・マンシュタインの突進を終わらせたのである。

　この作戦は東部戦線における戦線を完全に回復させた。そしてこれはⅢ号戦車が成功裏に終わった戦略攻勢の中で、主要な役割を果たした最後の機会となった。実際のところこれが戦車部隊の、戦争中の最後の戦略的勝利であった。というのもドイツ戦車戦力

Ⅲ号指揮戦車の後期型ではフレームアンテナが廃止され、代わりにスターアンテナが装備されている。この車体は機甲擲弾兵部隊で使用されている。(Bundesarchiv)

は、7月にクルスク突出部の果てしないソ連軍防衛線との対決で取り返しのつかない損害を受け、そして第二次世界大戦史上最大のものとなったプロホロフカの大戦車戦で消耗し尽くしたのである。この戦いでは両軍戦車は角突き合い、零距離射撃で血みどろの決闘を遂げた。ドイツ軍は1500両の戦車を失い、これは補充することができなかった。ロシア軍もほぼ同じ損害を出したが、ウラル山脈のかなたの安全な場所にある工場から、ほとんど即座に補充されたのである。

　これ以後III号戦車は、その数を減らしつつ軍務につき続けた。戦車師団の主力戦車の座は、IV号戦車とパンターに取って代わられた。その最後の戦闘行動となったのは、1944年の防衛戦闘であった。

　技術的にIII号戦車は小さな欠点はあったものの、よくバランスのとれた基本設計で、武装強化と装甲増大の余地が残されていた。しかし1942年までには、砲／装甲の発達競争にペースを合わせて、改良を続けることが不可能となった。しかし電撃戦の最高潮の時期には、III号戦車はドイツの戦車装備としては、本当にあてにできる唯一の兵器であった。

　それゆえIII号戦車は、ナポレオンの古めかしい口髭同様、単に歴史の証人というだけでなく、英仏海峡からボルガ川まで、北極圏から北アフリカの砂漠まで、まさにその歴史を作り上げたのである。こうした業績も、おそらくその後ドイツが開発した、よりドラマチックな戦車によって、見劣りするものに思われるかもしれない。しかしIII号戦車こそが、ヒットラーにほとんどその野蛮な夢の達成をもたらし、あと一歩のところまで近づけた兵器であるという事実は残るのである。

■III号戦車F型
基本技術データ

重量：20t（M型：20.8t）
乗員：5名
武装：KwK L/42 50mm砲1門（M型：KwK L/60 50mm砲1門）、7.92mm機関銃2挺
装甲：30mm（M型：50mm＋20mmまたは30mm）
エンジン：マイバッハHL120TRM 300馬力
速度：40km/h
全長：5.38m
幅：2.91m
高さ：2.44m

カラー・イラスト解説 The Plates

（カラー・イラストは25-32頁に掲載）

図版A1：
Ⅲ号戦車A型　第2戦車師団所属　ポーランド　1939年

　全体の塗装色は標準の「パンツァーグレイ」となっている。砲塔側面には白で「223」と描かれているが、これは中隊、小隊、車体番号を表したものである。戦役中、ポーランドの対戦車砲手は、ドイツの戦車に対して世界の誰もが考えたよりも、はるかに多大な被害を与えた。当初は白のドイツ国籍マークが使用されたが、すぐにあまりに目立ち過ぎることがわかった。通常のやり方は、その上から黄色で塗ることであったが、ときには、ここで見られるように、細い白の縁が残された。当初の師団マークは二つの黄色の点で、操縦手用バイザーの内寄りに描かれているのがわかる。師団の作戦地域では多数の小河川を通過しなければならなかったが、乗員はこれらを越えるのを容易にするために、松の木の束を積み込んでいる。

図版A2：
Ⅲ号戦車E型　第2戦車師団所属　バルカン　1941年

　この師団の戦車部隊である第3戦車連隊は、大きな砲塔番号を廃止して、車体側面板前部に小さな番号を描くようになった。砲塔側面には部隊内での識別のため、色を塗り分けた幾何学模様のシンボルが描かれている。黄色の四角形に中抜きの三角形のこの例は、第4中隊を示している。その他この中隊の特別な点としては、泥よけのはじの目立つ場所に、磨き上げられた蹄鉄が取り付けられている（訳注：蹄鉄は幸運のシンボルとして取り付けられた例が、しばしば見られる）。師団マークに注目。この時点では、ほとんどの部隊で使用されている、「Y」のルーン文字に横棒の組み合わせが、操縦手用バイザーの脇に描かれている。その下の白い帯は、何を意味するか不明である。

図版A3：
Ⅲ号戦車J型　第14戦車師団所属　ロシア　1941年

　全面グレイの塗装で、砲塔側面および後部の雑具箱の「14」番の番号の下に珍しい白の菱形の戦車の標識が描かれている。同じマーキングは、エンジンデッキ上に置かれている、追加された雑具箱にも繰り返し描かれている。「K」はおそらく中隊長車を示すものであろう。この時期の標準である白縁だけの十字が、車体側面および後面に見られ、さらに航空識別標識が、砲塔上面に広げられている。ルーン文字の「オダル」に似た黄色の師団マークが、車体後面板の端に描かれている。

図版B1：
Ⅲ号戦車G型　アフリカ軍団所属　リビア　1941年

　Ⅲ号戦車の「初期の」様子は、はっきりとこのG型に見ることができる。オリジナルのパンツァーグレイが、急いで採用されたサンドイエローの「ひと塗り」から、のぞき始めている。砲塔には白縁付きの赤で「612」が描かれ、アフリカ軍団のヤシの木とカギ十字が、車体側面、砲塔側面ハッチのヒンジの線の下の前あたりに描かれている。大きな航空識別旗が、後部デッキ上の荷物の上に広げられている。「マチルダの脅威」に気づいていることを証明するように、前面装甲板には予備転輪と予備履帯が取り付けられている。几帳面な砲手は自分で、彼の「赤ん坊」をできる限り塵芥から守るために、砲口とスリーブに巻き付けるカンヴァスカバーを製作している。防暑帽が吊るされているのは、最近到着した乗員であることを示している。古手の乗員ならこれを、戦車乗員にはまったく役に立たない帽子として、ほうり出してしまっただろう。

図版B2：
Ⅲ号戦車J型　元第21戦車師団所属
北アフリカ　1942年

　この薄いサンドイエローのJ型がたどった歴史は、そのマーキングから読み解くことができる。前面装甲板の中央には、第21戦車師団の師団マークが白で描かれている。砲塔には白縁の「Ⅲ」のナンバーが見えるが、これはもともとの持ち主が第22戦車連隊第1中隊であることを示している。それからは、おそらく故障によって放棄された後にであろう、イギリス軍部隊によって文字が描かれたようだ。車体前面向かって左端のサイはイギリス第1機甲師団のマークで、その反対端の86は第9ランサー連隊を示している。この戦車を連隊で運用しようと何度か試みたのであろう。砲塔側面に描かれた「B」がそれを証言している。しかしこの試みは疑いようもなく頓挫したようだ。本車は評価のため送り返されることになり、この過程で「A100」の評価番号が与えられたのだ。

図版B3：
Ⅲ号戦車N型　第15戦車師団所属
チュニジア　1942～1943年

　このN型には砲塔上面に予備履帯がくくりつけられているが、このことはこの時期の連合軍の航空優勢が増大しつつあることを反映している。追加の予備履帯と土嚢は、車体前面にも取り付けられている。まだこの戦車はほとんど損耗していないようだ。チュニジアのドイツ軍戦車に（オリーヴグリーンと並んで）好まれたダークマスタード色が、まだそのまま使用されている。砲塔の番号は白縁付きの黒で「04」で、車体側面にも白と黒で国籍マークが描かれている。師団マークは操縦手バイザーの脇に、通常この師団で行われているように赤で塗られている。本車では、この型に

は通常砲塔両側面に取り付けられているはずの、発煙弾発射機が欠けているのは興味深い。本書中の写真では、この部隊の隣の戦車には発煙弾発射機が装備されているのがわかる。

C 図版C1：
Ⅲ号戦車H型　第10戦車師団所属
ロシア　1941～1942年

　白縁の国籍マークが、泥よけ上に溶接された付属の箱に塗装されている。箱の後ろには黒の菱形のプレート上に、本車の番号の「621」が描かれている。この方式は開戦直前の数年間に、好んで使用されていたものである。この戦車の連隊編制上の正確な位置は、砲塔側面の白縁付きの赤の「5」一文字からははっきりとはわからない。この数字の後には、第7戦車連隊のバイソンの型が、白で縁がスプレーされている。黄色の師団マークが、操縦手用の側面バイザーの脇に見える。

図版C2：
Ⅲ号戦車J型　第24戦車師団所属　ロシア　1942年

　ロシアで撮影された本師団の多くの戦車に共通しているが、このL/60 J型もエンジンデッキ後方を左右に横切って、大型の雑具箱が固定されており、その上には白と黒の国籍マークと師団の目立つマークが描かれている。この箱の下部に吊された丸太は、泥濘から脱出するためのものである。砲塔番号の「525」は白縁付きの赤で、第5中隊第2小隊の車両であることを示している。この部隊の前身となったのは、かつての第1騎兵師団である。制服の黄色の縁どり

Ⅲ号指揮戦車の別角度を見る。1944年の撮影。マーキングがおもしろい。カラー・イラストF1とコメントを参照されたい。(Bundesarchiv)

（パイピング）はそれを思い出させ、その他の陸軍戦車部隊のバラ色の兵科色と対照をなしている。

図版：D
Ⅲ号戦車J型
各部名称は28～29頁のカラー・イラストを参照。

図版E1：
Ⅲ号戦車M型
第3SS戦車師団「トーテンコプフ」所属と推定
クルスク　1943年
　新しい標準色である全体ダークイエローの塗装に、レッドブラウンが斑点状の迷彩で加えられている。戦車の前面は予備履帯でカバーされ、後部デッキ上には大きな木枠が取り付けられている。車体側面スカートの最前部の一枚は失われているが、砲塔周囲のスカート（シュルツェン）は完備しており、黒一色で「421」の車体番号が描かれている。

図版E2：
Ⅲ号戦車J型　SS第1戦車師団「ライプシュタンダルテ・アードルフ・ヒットラー」　ロシア　1943年
　おそらくフォン・マンシュタインの1943年攻勢の終わりごろに、ベルゴロド近郊で撮影されたもの。この戦車はまだベースにパンツァーグレイが塗装されているが、白の冬季迷彩色が厚く上塗りされている。砲塔後部雑具箱の後面は、白枠の車体番号「555」の背景としてグレイのまま残されている。同じ番号は砲塔側面に、赤で乱暴に描かれている。同じく車体側面のバルケンクロイツの周囲と、車体後面板の端の師団マークの周囲にも、グレイの部分が残されている。その脇にも鉄十字が繰り返し描かれている。

図版F1：
Ⅲ号戦車M型指揮戦車
名称不明の砲兵部隊所属　ロシア　1943～1944年

戦争のこの段階では、Ⅲ号戦車には主力戦車としての使い道はほとんどなかった。しかし何両かは重戦車駆逐大隊の本部車両として使用された。その所属は砲塔番号の「001」で推測することができる。全体のダークイエローの塗装に、細い縞でレッドブラウンとダークグリーンが吹き付けられている。かなりくたびれたシュルツェンの最前部のものは、明らかに交換されたものであるようだ。戦車の外形は、若木の枝を付け加えて、部分的に偽装されているが、ここでは見やすくするため、作画の上で木の枝を若干間引いてある。砲塔スカートのバルケンクロイツは、あまり一般的なものではなく、白の縁どりの内側の細い黒縁の十字、中央がイエローの地色となっている。砲塔シュルツェンの前下端には、白のゴチック体で「ブリギッテ」の文字が見える。車長は砲兵の制服を着ている。

図版F2：
Ⅲ号戦車L型　SS第3戦車師団「トーテンコプフ」所属
クルスク　1943年
　後部車体左右を横切った大きな鉄枠の雑具箱に注目。これは一般的な話だが、部隊ごとの改修によって、さまざまな形状になる。この戦車の番号は「823」で、砲塔雑具箱の後部に白縁なしで乱暴に描かれている。車体後面板端には、クルスク攻勢、「ツィタデレ」作戦時に一時的に採用された三つ叉の師団マークが見える。反対側にはバルケンクロイツの別バージョン、細い白縁付きの黒にさらに黒縁がつく「ルフトバッフェ」スタイルが見られる。

図版G1：
二等兵　陸軍　戦車部隊　1939～1940年
　ツーピースのパッドが入ったベレーには、白の縫い糸で、国家紋章が縫い付けられている。同じく国家紋章の鷲がダブルの黒の「クロスオーバー」チュニック（短上着）の右胸にも見える。シャツは「ネズミ色」で、ネクタイは黒である。チュニックには襟の折り返しと襟が、この兵科のバラ色の兵科色で縁どりされている。襟章もバラ色でパイピングさ

車体側面および砲塔周囲に円形アーマースカートを装備しているM型。装輪車両の通行用に工兵が小川に築いた仮設橋を渡るところ。他の写真と比較するとわかるが、おそらくこの車体はSS第3師団「トーテンコプフ」のもので、1943年7月クルスク戦の「死の進撃」に参加するための行軍途中であろう。カラー・イラストE1を参照されたい。(Bundesarchiv)

れており、将官まであるいは将官を含むすべての戦車隊員に共通の、ホワイトメタルの髑髏（どくろ）が付けられている。同様縁どりされた肩章は、車内での行動の妨げとならないように縫い付けられている。簡単なデザインで、下士官に至るまでのすべての階級が着けている。彼が手に持っているのは37mm榴弾で、弾薬下部には曳光剤が仕込まれている。この弾薬は銀色に塗装された弾頭と黄色のバンドで識別される。

図版G2：
戦車乗員　ロシア　1941年夏
　黒のチュニック以来の肩章が、ここでもシャツに着けられている。そしてこれがシャツに着けられた唯一、公式の階級章である。黒の陸軍式の1940年型略帽は、黒の裏打ちに薄いグレーで縫い付けられてより見にくくなり、帽子の国章はバラ色のV型縁どりで囲まれている。彼が手にしているのは、「短」L/42 50mm砲用被帽付徹甲弾である。

図版G3：
戦車乗員　ドイツアフリカ軍団　1942年
　熱帯地仕様の略帽。オリーヴドラブに赤布のラインが入ったものだが、よく非常に色あせた色合いになっている。対ガスカプセルで注意深く脱色するとおしゃれな感じになる。それでよく見る色合いが、薄いサンディシェードなのだ。国章はタンの地に刺繍されており、国家紋章の鷲は薄いブルーグレイで縫い付けられている。通常のV型のバラ色の兵科色は色あせている。シャツは同様に脱色されており、熱帯地用制服のオリーヴの布の肩章とバラ色の縁どりに、オリーヴに塗られたボタンが着けられている。ホワイトメタル製認識票には、中央のミシン目の両側に個人の特徴が書かれている。彼は明らかに砲塔から熱い空薬莢を取り出したばかりのようで、革手袋をしているのはそのためである。手にしているのは、「短」L/42 50mm砲用AP.40徹甲弾である。

図版G4：
**戦車乗員　SS第3戦車師団「トーテンコプフ」
1942～1943年**
　黒の略帽は、武装親衛隊の国家紋章の鷲とSSの髑髏がシルバーグレイで縫い付けられ、SSとルフトバッフェの部隊で使用された、独特のカッティングになっている。略帽は厳しいロシアの冬に耐えるため、頭にスカーフで縛り付けられている。着用しているのはボタンが止められ首のところが閉じられた黒のパンツァージャケットである。陸軍の斜めになったものと異なり、SSパターンの前合わせ部は垂直になっている。襟には縁どりがされておらず、ふたつの同一のシルバーグレイの髑髏の意匠が刺繍されている。これはこの部隊に特有のもので、部隊マークが髑髏だからである。通常の武装親衛隊の二等兵は、右の襟だけに師団マークを着け、左の襟はただの黒のパッチが着けられている。SSパターンの国家紋章の鷲は左上袖に見られ、師団のカフタイトルは同じ腕の袖口に見える。戦車部隊のバラ色は、肩章と略帽の前部のV字の縁どりにのみ見られる。彼が手にしているのは、「長」L/60 50mm砲用榴弾である。

◎訳者紹介
山野治夫（やまのはるお）
1964年東京生まれ。子供の頃からミリタリーミニチュアシリーズとともに人生を歩み、心も体もすっかり戦車ファンとなる。編集プロダクションに勤め、PR誌編集のかたわら、原稿執筆活動にいそしむ。外国の戦車博物館に出向き、資料収集にも熱心に取り組んでいる。

オスプレイ・ミリタリー・シリーズ
世界の戦車イラストレイテッド **21**

III号中戦車
1936-1944

発行日	2003年6月9日　初版第1刷	
著者	ブライアン・ペレット	
訳者	山野治夫	
発行者	小川光二	
発行所	株式会社大日本絵画 〒101-0054 東京都千代田区神田錦町1丁目7番地 電話：03-3294-7861　http://www.kaiga.co.jp	
編集	株式会社アートボックス	
装幀・デザイン	関口八重子	
印刷/製本	大日本印刷株式会社	

©1998 Osprey Publishing Limited
Printed in Japan
ISBN4-499-22807-7　C0076

Panzerkampfwagen III Medium Tank
1936-44
Bryan Perrett

First published in Great Britain in 19998,
by Osprey Publishing Ltd, Elms Court,
Chapel Way, Botley,
Oxford, OX2 9LP. All rights reserved.
Japanese language translation
©2003 Dainippon Kaiga Co.,Ltd.